제2판

Fluid Mechanics

유체역학

연습문제풀이집

윤석범 · 임익태 · 서이수 공저

문 운 당

제 1 장

1-1

1) $a \cdot b = 1 \times 2 + 2 \times 1 = 4$

2) $a \times b = (1 \times 1 - 2 \times 2)k = -3k$

1-2

$F = \sqrt{F_1^2 + F_2^2 + 2F_1F_2\cos\theta} = \sqrt{20^2 + 15^2 + 2 \times 20 \times 15\cos 120} = 18.03\ \text{N}$

1-3

그림처럼 3 힘이 A 점에서 평형이 되므로 수평 수직방향의 분력을 고려하면

$F_1\cos 45 - F_2\cos 60 = 0$

$F_1\sin 45 + F_2\sin 60 = 50$

$F_{AB} = 25.9\ \text{N}$

$F_{AC} = 36.6\ \text{N}$

1-4

힘의 평형을 고려하자. 수직, 수평성분을 고려하면

$F = T\sin 30$

$T\cos 30 = 12 \times 9.8 = 117.6\ \text{N}$

$T = 135.8\ \text{N}$

$F = 67.9\ \text{N}$

1-5

힘 F의 분력을 F_x, F_y 라하면

$F_x = F\cos 60 = 100\ \text{N}$

$F_y = F\sin 60 = 173.2\ \text{N}$

원점의 모멘트는 두힘의 모멘트의 합으로 반시계방향을 +라하면

$M_o = F_y \times 1 - F_x \times 3 = -126.8\ \text{N} \cdot \text{m}$ (시계방향)

1-6

A 점의 회전력이 0이 되기 위해서는 두 힘의 A 점에대한 모멘트가 같아야 하므로

$20 \times 3 = F \times 5$

$F = 12\ \text{N}$

1-7

$v = \dfrac{ds}{dt} = -15 + 12t\ \text{m/s},$

$a = \dfrac{dv}{dt} = 12\ \text{m/s}^2$

이므로 5초 후의 속도와 가속도는

$v = -15 + (12 \times 5) = 45\ \mathrm{m/s}$

$a = \dfrac{dv}{dt} = 12\ \mathrm{m/s^2}$

1-8

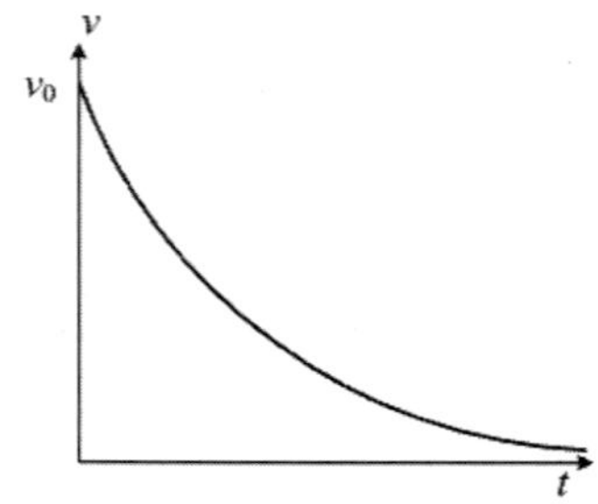

$a = \dfrac{dv}{dt} = -4v \qquad \dfrac{dv}{v} = -4\,dt$

속도를 얻기 위해서 $t = 0$ 에서 $v = v_0$ 이므로

$t = t, v = v$ 를 대입하여 적분하면

$\displaystyle\int_{v_0}^{v} \frac{dv}{v} = -4\int_0^t dt \qquad \ln\frac{v}{v_0} = -4t$

$v = v_0 e^{-4t}$

1-9

최고점에서는 속도가 0이 되므로 먼저 속도관계식을 구하자.

$v = v_0 - gt = 12 - 9.8t$

$t = 1.2\,\mathrm{sec}$

$v = \dfrac{ds}{dt} = 12 - 9.8t \qquad \displaystyle\int_6^h ds = \int_0^{1.2} (12 - 9.8t)\,dt$

$h = 6 + (12 \times 1.2) - (4.9 \times 1.2^2) = 13.3\ \mathrm{m}$

1-10

길이 1 m 줄에 추가 천정에 매달려 진동한다. 수직선과 30°의 각을 이룰 때 장력은 추 무게의 2.5배라한다. 이 점에서의 속도와 가속도를 구하라.

중심방향의 힘과 가속도는

$F_n = m a_n \qquad 2.5\,W - W\cos 30 = \dfrac{W}{g} a_n$

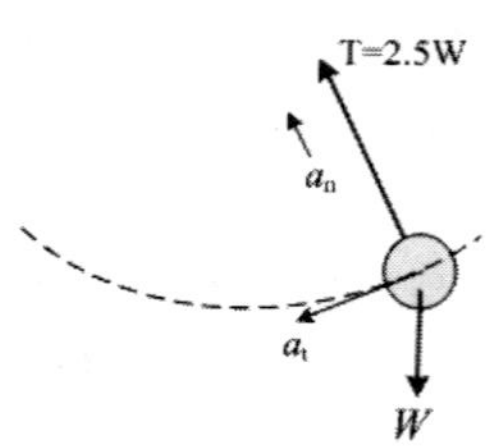

$a_n = 1.63\,g = 16.0\ \mathrm{m/s^2}$

접선방향의 힘과 가속도를 구하자.

$F_t = m a_t \qquad W\sin 30 = \dfrac{W}{g} a_t$

$a_t = g\sin 30 = 4.9\ \mathrm{m/s^2}$

$a_n = \dfrac{v^2}{R}$ 이므로 $v = \pm\sqrt{a_n R} = \pm 4\ \mathrm{m/s}$

1-11

자동차를 언덕위로 끄는 힘을 F 라 하면 등속 운동이므로 F 는 무게의 언덕방향 성분과 같다.

$F = mg\sin 5 = 1200 \times 9.8\sin 5 = 1025\ \mathrm{N}$

$v = \dfrac{36000}{3600} = 10\ \mathrm{m/s}$

5분동안 이동거리는 등속운동이므로

$s = 10 \times 300 = 3000\ \mathrm{m}$

엔진이 한 일의 양은

$W = Fs = 1025 \times 3000 = 3075 \text{ kJ}$

일율은

$$L = \frac{W}{t} = Fv = 1025 \times 10 = 10.25 \text{ kW}$$

1-12

운동량 보존법칙에 의해서 충격량은 운동량 변화와 같으므로

$-Ft = mv_2 - mv_1 \quad v_2 = 0$ 이므로

$$v_1 = \frac{60000}{3600} = 16.7 \text{ m/s}$$

$$t = \frac{mv_1}{F} = \frac{2000 \times 16.7}{5000} = 6.7 \text{ sec}$$

제 2 장

2-1

$$\rho = \frac{M}{\widetilde{V}} = \frac{8800}{10} = 880\ \mathrm{kg/m^3}$$

$$\gamma = \rho g = 880 \times 9.8 = 8624\ \mathrm{N/m^3}, \qquad v = \frac{1}{\rho} = \frac{1}{880} = 1.136 \times 10^{-3}\ \mathrm{m^3/kg}$$

$$S = \frac{\rho}{\rho_w} = \frac{880}{1000} = 0.88$$

2-2

$$F = ma \qquad m = \frac{F}{a} = \frac{100}{0.2} = 500\ \mathrm{kg}$$

2-3

$$W = mg \quad g = \frac{W}{m} = \frac{285}{30} = 9.5\ \mathrm{m/s^2}$$

2-4

① $W = mg = 10 \times 40 = 400\ \mathrm{N}$

② $F = ma + W = m(a+g) = 10(40 + 9.8) = 498\ \mathrm{N}$

③ $F - mg\sin 45 = ma$

$F = m(a + g\sin 45) = 10(40 + 9.8\sin 45) = 469.3\ \mathrm{N}$

2-5 생략

2-6

$$\rho = \frac{P}{RT} = \frac{101325}{(287)(273+15)} = 1.23\ \mathrm{kg/m^3}$$

$$S = \frac{\rho}{\rho_w} = \frac{1.23}{1000} = 0.00123$$

2-7

산소분자량이 M=32 이므로 기체상수는

$$R = \frac{Ru}{M} = \frac{8314}{32} = 259.81\ \mathrm{J/kg \cdot K}$$

$$\rho = \frac{P}{RT} = \frac{101300}{(259.8)(273+40)} = 1.246\ \mathrm{kg/m^3}$$

$$\gamma = \rho g = 1.246 \times 9.8 = 12.208\ \mathrm{N/m^3}$$

이산화탄소 CO_2 분자량 44 이므로

$$R = \frac{Ru}{M} = \frac{8314}{44} = 189.0\ \mathrm{J/kg \cdot K}$$

$$\rho = \frac{P}{RT} = \frac{101300}{(189.0)(273+40)} = 1.712\ \mathrm{kg/m^3}$$

$\gamma = \rho g = 1.712 \times 9.8 = 16.781\ \mathrm{N/m^3}$

2-8

$$\nu = \frac{\mu}{\rho}$$

$$\mu = \rho\nu = 1.05 \times 10^{-4} \times 1.22 = 0.183 \times 10^{-4}\ \mathrm{N \cdot s/m^2}$$

$$= 1.83 \times 10^{-4}\ \mathrm{g/cm \cdot s}$$

$$= 1.83 \times 10^{-4}\ \mathrm{poise}$$

2-9

$$E = -\frac{dP}{\frac{d\widetilde{V}}{\widetilde{V}}}$$

$$dP = -E\frac{d\widetilde{V}}{\widetilde{V}} = -2.01 \times 10^9\left(-\frac{2.5}{100}\right) = 5.02 \times 10^7\ \mathrm{Pa}$$

2-10

$$\nu = \frac{\mu}{\rho} = \frac{6 \times 10^{-3}}{920} = 6.52 \times 10^{-6}\ \mathrm{m^2/s}$$

2-11

$$\tau = \mu\frac{du}{dy} = F/A$$

$$F = A\left(2\mu\frac{du}{dy} + \mu\frac{du}{dy}\right) = 3\mu\frac{du}{dy}A$$

$$\mu = \frac{F}{3A}\frac{dy}{du} = \frac{40}{3 \times 1} \times \frac{0.06}{0.6} = 1.33\ \mathrm{N \cdot s/m^2}$$

2-12

$$E = -\frac{dP}{\frac{d\widetilde{V}}{\widetilde{V}}} = -\frac{(30-15)(101.3)}{\frac{1.231-1.232}{1.232}} = 1.87\ \mathrm{GPa}$$

$$\beta = \frac{1}{E} = \frac{1}{1.87 \times 10^6} = 0.53\ \mathrm{GPa^{-1}}$$

2-13

진공압력을 절대압력으로 환산하면

$$P_a = P_o - P_v = 756 - 40 = 716\ \mathrm{mmHg}$$

$$= \frac{101.3}{760}(716) = 95.4\ \mathrm{kPa\,abs}$$

2-14

$765\ \text{mmHg} = 101.3 \times \frac{765}{760} = 101.97\ \text{kPa}$

$P_a = P_o + P_g$

$P_A = 101.97 + 85 = 186.97\ \text{kPa abs}$

$P_B = 101.97 + 85 + 50 = 236.97\ \text{kPa abs}$

2-15

(1) 등온변화

$P_1 \widetilde{V}_1 = P_2 \widetilde{V}_2 \qquad P_2 = P_1 \frac{\widetilde{V}_1}{\widetilde{V}_2} = (275)\frac{0.35}{0.07} = 1375\ \text{kPa}$

$$E = -\frac{dP}{\frac{d\widetilde{V}}{\widetilde{V}}} = -\frac{(1375-275)}{\frac{0.07-0.35}{0.35}} = 1375\ \text{kPa}$$

(2) 단열변화

$P_1 \widetilde{V}_1^k = P_2 \widetilde{V}_2^k$ 공기 $k = 1.4$ 이므로

$(275)(0.35)^{1.4} = P_2(0.07)^{1.4} \qquad P_2 = 2617.5\ \text{kPa}$

$$\frac{T_2}{T_1} = \left(\frac{P_2}{P_1}\right)^{\frac{k-1}{k}}$$

$$T_2 = T_1\left(\frac{P_2}{P_1}\right)^{\frac{k-1}{k}} = (50+273)\left(\frac{2617.5}{275}\right)^{\frac{1.4-1}{1.4}}$$

$= 614.9\ \text{K} = 341.9\ ℃$

$E = kP_2 = (1.4)(2617.5) = 3.664\ \text{MPa}$

2-16

$$\tau = \mu\frac{du}{dy} = \mu\frac{V}{y} = 13.1 \times \frac{1}{10} \times \frac{4}{0.006} = 873\ \text{N/m}^2$$

2-17

$T = \tau A r \qquad \tau = \mu \frac{du}{dr} \qquad \mu = 0.005 \times 0.9 \times 1000 = 4.5\ \text{Pa} \cdot \text{s}$

$$u = r\omega = \frac{7.0}{2} \times \frac{1}{100} \times 2000 \times \frac{2\pi}{60} = 7.33\ \text{m/s}$$

$dr = 0.0001\ \text{m}$

$\tau = (4.5)\frac{7.33}{0.0001} = 329.9 \times 10^3\ \text{N/m}^2 \qquad A = \pi\left(\frac{7.0}{100}\right)\left(\frac{25}{100}\right) = 0.05498\ \text{m}^2$

$$T = (329.9 \times 10^3)(0.05498)\left(\frac{7.0}{2} \times \frac{1}{100}\right) = 633\ \text{N} \cdot \text{m}$$

$$L = T\omega = 2000 \times \frac{2\pi}{60} \times 633 = 132.6 \times 10^3\ \text{W}$$

2-18

$u = 8y - y^2$

$\frac{du}{dy} = 8 - 2y \qquad \left[\frac{du}{dy}\right]_{y=0} = 8$

$\tau_o = \mu\left(\frac{du}{dy}\right)_{y=0} = 0.0245 \times 8 = 0.196\ \text{N/m}^2$

2-19

$\tau = \mu\frac{du}{dy} = \mu\frac{du}{2.5 \times 10^{-5}} = 4.0 \times 10^4\ \mu\, du$

$F = \tau A = 4.0 \times 10^4 (\mu\, du)(\pi \times 0.12 \times 0.15) = 2.261 \times 10^3\ \mu\, du$

$mg - F = ma \qquad F = ma - mg$

$2.261 \times 10^3 (\mu)(6.3) = \frac{95}{9.8}(-0.6) + 95$

$\mu = 6.26 \times 10^{-3}\ \text{N} \cdot \text{s/m}^2$

2-20

무게에의한 하강력과 마찰력이 같을 때의 속도가 종속도가 된다.

$\sum F_x = 0 \qquad W\sin\theta - \tau A = 0$

$\tau = \mu\frac{du}{dy} = (8.14 \times 10^{-2})\frac{V}{0.004} = 20.35\ V$

$25 \times 9.8 \sin 15 - (20.35\ V \times 0.3) = 0$

$V = 10.39\ \text{m/s}$

2-21

$\mu = \rho\nu = 0.92 \times 10^3 \times 2.8 \times 10^{-5} = 0.02576\ \text{N} \cdot \text{s/m}^2$

$\tau = \mu\frac{du}{dy} = (0.02576)\frac{5}{0.1 \times 10^{-3}} = 1288\ \text{N/m}^2$

$F = \tau A = 1288 \times \left(\frac{140 + 140.2}{2}\right) \times 10^{-3}\pi(0.3) = 169.98\ \text{N}$

$L = Fu = 169.98 \times 5 = 849.9\ \text{W}$

2-22

$u = r\omega = 0.1 \times \frac{2\pi \times 50}{60} = 0.523\ \text{m/s}$

$T = Fr = \tau A r = \left(\mu\frac{du}{dr}\right)(2\pi r l) r$

$\mu = \frac{T\, dr}{2\pi r^2 l\, du} = \frac{(0.16)(0.01)}{2\pi(0.1^2)(0.5)(0.523)} = 0.0974\ \text{N} \cdot \text{s/m}^2$

2-23

$\frac{du}{dy} = \frac{r\omega}{0.0005} = \frac{0.5r}{0.0005} = 1000r \qquad \tau = \mu\frac{du}{dy} = (8 \times 10^{-3})(1000r) = 8r$

원판의 미소면적 dA에 작용하는 힘을 dF 라 하면

$dF = \tau\, dA = (8r)(2\pi r\, dr) = 50.24\, r^2$

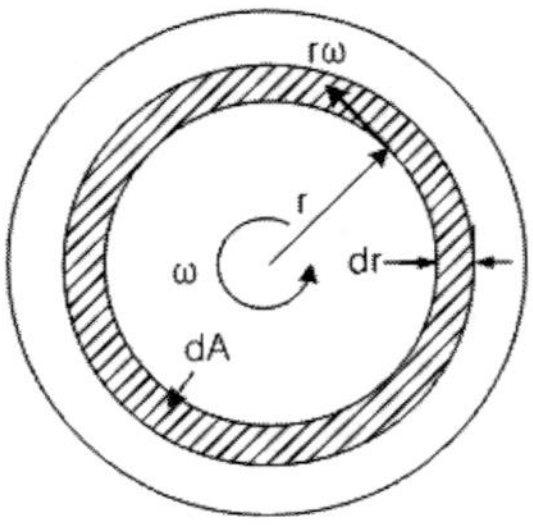

미소면적에 작용하는 토크는

$dT = r\, dF = 50.24\, r^3\, dr$

$$T = 2\int_0^{\frac{0.08}{2}} 50.24\, r^3\, dr = 6.43 \times 10^{-5}\ \mathrm{N \cdot m}$$

2-24

$\sigma = 0.742 \times 10^{-1}\ \mathrm{N/m}$

모세관 현상으로 올라가는 높이

$$h = \frac{4\sigma \cos\beta}{\gamma d} = \frac{(4)(0.0742)(\cos 10)}{(9800)(0.005)} = 0.006\ \mathrm{m}$$

$P = \gamma(0.500 - 0.006) = 9800 \times 0.494 = 4.841\ \mathrm{kPa}$

2-25

우리판 사이를 타고 올라간 무게는 표면장력에 의해서 끌어 올리는 힘과 같으므로

$\gamma HLt = 2L\sigma\cos\beta$

$$H = \frac{2\sigma\cos\beta}{\gamma t} = \frac{(2)(7.4 \times 10^{-2})\cos 0}{(9800)(0.002)}$$

$= 0.0076\ \mathrm{m} = 7.6\,\mathrm{mm}$

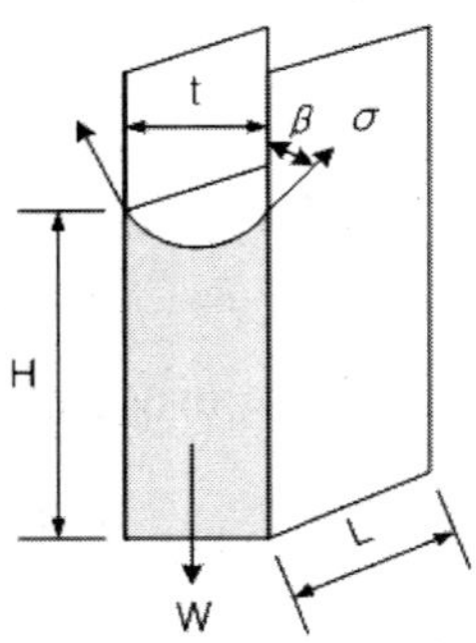

2-26

모세관이 기울어져도 상승 높이는 동일하다.

$$H = \frac{4\sigma\cos\beta}{\gamma d} = \frac{(4)(8.4 \times 10^{-2})\cos 10}{(9800)(0.003)} = 11.2\ \mathrm{mm}$$

2-27

$$P = \frac{2\sigma}{R}$$

$$R = \frac{2\sigma}{P} = \frac{2 \times 0.074}{105} = 0.0014\ \mathrm{m}$$

$d = 2R = 2.8\ \mathrm{mm}$

2-28

내려간 수은의 무게는 표면장력과 같으므로

$$\gamma \frac{\pi d^2}{4} H = \pi d \sigma \cos 40$$

$$H = \frac{4\sigma\cos 40}{\gamma d} = \frac{(4)(0.514)\cos 40}{(13.6)(9800)(0.0025)} = 4.7\ \mathrm{mm}$$

2-29

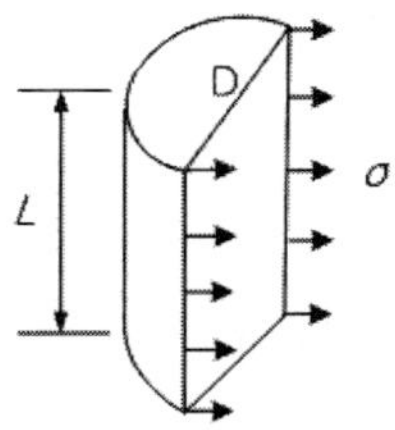

$$2\sigma L = PDL$$

$$P = \frac{2\sigma}{D} = \frac{2\times 0.514}{250\times 10^{-6}} = 4112\ \mathrm{Pa}$$

2-30

비눗방울 이므로

$$P = \frac{4\sigma}{R}$$

$$\sigma = \frac{PR}{4} = \frac{(25)(0.025)}{4} = 0.156\ \mathrm{N/m}$$

2-31

$$760\ \mathrm{mmHg} = 101.3\ \mathrm{kPa}$$

$$750\ \mathrm{mmHg} = \frac{101.3}{760}\times 750 = 99.97\ \mathrm{kPa}$$

$$P_A = P_o + P_g = 99.97 + 130 = 229.97\ \mathrm{kPa\,abs}$$

2-32

비눗방울의 초과압력 P

$$P = \frac{4\sigma}{r}$$

유체의 유동일 $W = P\,d\widetilde{V}$

구의 체적 $\widetilde{V} = \frac{4}{3}\pi r^3$ $d\widetilde{V} = 4\pi r^2\,dr$

$$W = \int_{r_1}^{r_2} P\,d\widetilde{V} = \int_{0.025}^{0.03}\left(\frac{4\sigma}{r}\right)(4\pi r^2)\,dr$$

$$= \int_{0.025}^{0.03} 16\pi\sigma r\,dr = 8\pi\sigma\left[r^2\right]_{0.025}^{0.03} = 4.91\times 10^{-4}\ \mathrm{J}$$

2-33

부록을 이용하면 10℃ 물의 밀도는 $\rho = 1000\ \mathrm{kg/m^3}$ 이고 80℃에서는 $972\ \mathrm{kg/m^3}$이다.

$\rho_{10}\widetilde{V_{10}} = \rho_{80}\widetilde{V_{80}}$ 이므로

10℃ 물의 부피를 구하면 $\widetilde{V_{10}} = \pi\times 0.5^2\times 10 = 7.85\ \mathrm{m^3}$

80℃ 물의 부피를 구하면

$$\widetilde{V_{80}} = \frac{\widetilde{V_{10}}}{0.972} = \frac{7.85}{0.972} = 8.076\ \mathrm{m^3}$$

$$\Delta\widetilde{V} = \widetilde{V_{80}} - \widetilde{V_{10}} = 8.076 - 7.85 = 0.226\ \mathrm{m^3}$$

2-34

(1)메탄가스의 분자량을 구하자.

$M = 12 + 4 = 16\ \text{kg/kmol}$

$$R = \frac{Ru}{M} = \frac{8314}{16} = 519.63\ \text{J/kg} \cdot \text{K}$$

$$\rho = \frac{P}{RT} = \frac{101.3 \times 10^3}{519.63 \times 288} = 0.677\ \text{kg/m}^3$$

$\gamma = \rho g = 0.677 \times 9.8 = 6.63\ \text{N/m}^3$

(2)부탄가스의 분자량을 구하면

$M = (4 \times 12) + 10 = 58\ \text{kg/kmol}$

$$R = \frac{Ru}{M} = \frac{8314}{58} = 143.34\ \text{J/kg} \cdot \text{K}$$

$$\rho = \frac{P}{RT} = \frac{101.3 \times 10^3}{143.34 \times 288} = 2.454\ \text{kg/m}^3$$

2-35

4℃ 물의 부피는 탱크의 부피와 같으므로

$\widetilde{V_1} = 1\ \text{m}^3$

60℃ 에서의 물의 부피는 $\widetilde{V_2} = \dfrac{1}{0.98} = 1.02\,\text{m}^3$ 이지만 탱크의 크기는 변함이 없으므로

$-\Delta \widetilde{V} = \widetilde{V_2} - \widetilde{V_1} = 1.02 - 1.0 = 0.02\ \text{m}^3$

$$E = -\frac{\Delta P}{\Delta \widetilde{V} / \widetilde{V_1}}$$

$$\Delta P = -E\frac{\Delta \widetilde{V}}{\widetilde{V_1}} = 2.04 \times 10^9 \left(\frac{0.02}{1}\right) = 41.6\ \text{MPa}$$

2-36

$\Delta P = P_2 - P_1 = 0 - 30\ \text{MPa} = -30\ \text{MPa}$

$$\Delta \widetilde{V} = -\widetilde{V_1}\frac{\Delta P}{E} = -(1)\frac{-30 \times 10^6}{2.07 \times 10^9} = 1.45 \times 10^{-2}\ \text{m}^3$$

$\Delta \widetilde{V} = 1.45 \times 10^{-2}\ \text{m}^3$ 만큼 넘친다.

2-37

(1) 등온변화 상태식은

$P_1 v_1 = P_2 v_2$ 또는 $P_1 \widetilde{V_1} = P_2 \widetilde{V_2}$ 이므로

$$P_2 = P_1 \frac{\widetilde{V_1}}{\widetilde{V_2}} = 500\frac{1}{0.4} = 1250\ \text{kPa}$$

$$Pv = C \quad Pdv + vdP = 0 \quad P = -\frac{dP}{\frac{dv}{v}} = E$$

$E = P = 1250\ \text{kPa}$

(2) 단열변화상태식은

$P_1 v_1^k = P_2 v_2^k$

$$P_2 = P_1\left(\frac{v_1}{v_2}\right)^k = 500\left(\frac{1}{0.4}\right)^{1.4} = 1803.4\ \text{kPa}$$

$E = kP = 1.4 \times 1803.4 = 2524.7\ \text{kPa}$

2-38

부록에서 C-6에서 2750m 높이에서의 압력을 구하면

2500 m와 3000 m 구간에서 보간법을 이용하여 2750 m에서의 압력을 구하면

$$74684 + (2750 - 2500)\frac{(70107 - 74684)}{3000 - 2500} = 72.40\ \text{kPa}$$

C-5표를 이용하여 압력 $P_v = 72.4\ \text{kPa}$에서의 포화온도를 구하자. 역시 보간법을 이용하면

$$90 + (72.40 - 70.11)\frac{(101.3 - 70.11)}{(100 - 90)} = 97.1℃$$

포화온도 97.1℃

2-39

부록 C-5에서 60℃에서의 포화압력은 19.92 kPa이다. 따라서 포화상태(끓음)가 되기 위해서는 101.3 kPa에서 19.92 kPa로 압력을 낮추어 주어야 한다.

$\Delta P = 101.3 - 19.92 = 81.38\ \text{kPa}$

$$F = A\Delta P = \frac{\pi \times 0.2^2}{4} \times 81.38 = 2.56\ \text{kN}$$

(1)19.92 kPa (2)2.56 kN

2-40

철사 고리의 안쪽과 바깥쪽에 물이 끌려 올라오므로 양쪽에 표면장력이 작용한다. 표면장력은 부록에서 찾아 사용한다.

$F = 2\sigma(\pi D) = 2 \times 0.0728(\pi \times 0.1) = 0.046\ \text{N}$

2-41

대기압은 변화하여도 용기의 절대압력은 변함이 없다.

$$P_{abs} = 762 \times \frac{101.3}{760} + 30 = 131.57\ \text{kPa}$$

$$131.57 = 785 \times \frac{101.3}{760} + P_g$$

$P_g = 26.9\ \text{kPa}$

2-42

대기압을 K라하면 가운데 탱크의 B,C의 절대압력은 같아야 하므로

$K + 85 - 62 = K - 30 + C$

$C = 53\ \text{kPa}$

2-43

진공압력은 음의 게이지 압력이므로 상승하는 수은주 높이는 진공압력과 같다.

$$H = 50 \times \frac{760}{101.3} = 375\ \mathrm{mmHg}$$

제 3 장

3-1

$P = \gamma h$

$$\gamma = \frac{P}{h} = \frac{87.53 - 64.94}{7-4} = 7.53\ \text{kN/m}^3$$

3-2

$F = PA = (9.8\times10^5)(180\times10^{-4}) = 17.64\ \text{kN}$

3-3

$P_{bottom} = P_w + P_k$

$= (5.2\times9800) + (2.3\times0.82\times9800) = 69442.8\ \text{Pa}$

$P_{intm} = 2.3\times0.82\times9800 = 18482.8\ \text{Pa}$

3-4

$\dfrac{dP}{dh} = -\gamma \qquad dP = -\gamma\, dh$

$$P = -\int_0^{-5}(11800 - 25h)\,dh = -\left[11800h - \frac{25}{2}h^2\right]_0^{-5} = 59.31\ \text{kPa}$$

3-5

C 점의 압력은 좌우가 같으므로

$P_A + (5\times\gamma_{air}) = P_B + (2\times\gamma_{air}) + (3\times\gamma_{water})$

$P_B = P_A + (5\times\gamma_{air}) - (2\times\gamma_{air}) - (3\times\gamma_{water})$

$= 100000 + (1.2\times9.8\times3) - (3\times9800)$

$= 70635.28\ \text{Pa abs}$

공기를 무시할 경우

$P_B = P_A - (3\times\gamma_{water}) = 100000 - (3\times9800)$

$= 70600\ \text{Pa abs}$

3-6

$P_B = \gamma h = 0.95\times9800\times4 = 37.24\ \text{kPa}$

$P_{gas} = P_A - \gamma h = 0 - (0.95\times9800\times6) = -55.86\ \text{kPa}$ (진공)

3-7

$P_A = P_o - (3+0.8) \times \gamma_w$

$= 0 - (3.8 \times 9800) = -37.24 \text{ kPa}$

$= -3.8 \text{ mAq}$

$P_B + (0.8 \times \gamma_w) = P_o$

$P_B = P_o - (0.8 \times 9800) = -7.84 \text{ kPa}$

$= -0.8 \text{ mAq}$

3-8

탱크내 공기의 압력을 P, 압력계 압력을 P_1 이라하면

$P_1 = 400 + (1.03 \times 101.3) = 504.339 \text{ kPa abs}$

$\therefore P = P_1 - \gamma h = 504.339 - (0.9 \times 9.8 \times 1.2) = 493.755 \text{ kPa abs}$

3-9

(1) 피에조메타 A의 높이는 탱크의 A 액체의 높이와 같다. $\therefore 1.8 \text{ m}$

(2) B의 높이는 B 액체의 높이에 A 액체의 높이를 B 액체 높이로 환산한 것을 더한 값이다.

$$H_B = 0.6 + \frac{1.2 \times 0.8 \times 9800}{2.5 \times 9800} = 0.984 \text{ m}$$

(3) $P = (0.6 \times 2.5 + 1.2 \times 0.8) \times 9800 = 24.11 \text{ kPa}$

3-10

Full 상태의 탱크 밑면의 압력은 oil이 35 cm 만큼 채워져있는 경우로 이때의 압력을 구하자.

$P_{Full} = 8000 \times 0.35 = 2800 \text{ Pa}$

$P_{Full} = (\gamma_{air} H) + \gamma_{oil}(0.3 - H) + (\gamma_w \times 0.05)$

$2800 = (1.2 \times 9.8 H) + 8000(0.3 - H) + (9800 \times 0.05)$

$\therefore H = 1.1 \text{ cm}$

3-11

2744 m는 대류권이므로

$$P = P_{atm}\left(1 - \frac{\alpha z}{T_o}\right)^{\frac{g}{\alpha R}} = 100\left(1 - \frac{0.0065 \times 2744}{293}\right)^{\frac{9.8}{0.0065 \times 287}} = 71.90 \text{ kPa}$$

부록에서 물의 온도에 따른 증기압을 찾자.

90℃	70.11 kPa
100℃	101.3 kPa

$\therefore$ 이므로 71.90 kPa에서는 90.57℃가 포화온도가 된다.

3-12

A 점의 압력과 공기압을 비교하면

$P_A - (\gamma_{water} \times 0.5) = P_{air} \qquad P_{air} = P_A - 4900$

공기와 대기압사이의 비교에서

$P_{air} + (\gamma_{air} \times 0.35) + (\gamma_m \times 0.12) = P_{atm} + (\gamma_{oil} \times 0.44)$

$P_A - 4900 + (1.2 \times 9.8 \times 0.35) + (13.6 \times 9800 \times 0.12) = 0 + (0.85 \times 9800 \times 0.44)$

$\therefore P_A = -7.43\,\text{kPa}$

3-13

$P_A - (9800 \times 0.2) - (0.85 \times 9800 \times 0.25) = P_B - (1.59 \times 9800 \times 0.2)$

$\therefore P_A - P_B = 926.1\,\text{Pa}$

3-14

1, 2의 압력차이는

$P_1 + 9800(2\sin 30 + 0.12) = P_2 + (13.6 \times 9800 \times 0.12)$

$\therefore P_1 - P_2 = 5017.6\,\text{Pa}$

마찰 손실에의한 압력차이는 관이 수평하다고 생각하면 된다. 즉, 마노메타의 압력차만 계산하면 된다.

$P_1 + (9800 \times 0.12) = P_2 + (13.6 \times 9800 \times 0.12)$

$\therefore P_1 - P_2 = 14817.6\,\text{Pa}$

3-15

$P_B - (9800 \times 0.1) = P_A - 9800(1.5 + 0.1 \times 13.6)$

$\therefore P_A - P_B = 27.05\,\text{kPa}$

3-16

S=0.9 유체의 압력과 P_A를 비교하면

$P_A + (9800 \times 0.2) = P_{0.9} + (0.5 \times 13.6 \times 9800)$

$P_{0.9} = P_A - 64680$

이번에는 B와 비교하자.

$P_{0.9} + (0.7 \times 0.9 \times 9800) = P_B + (0.6 \times 1.59 \times 9800)$

$P_{0.9} - P_B = 3175.2$

$P_A - 64680 - P_B = 3175.2$

$\therefore P_A - P_B = 67.86\,\text{kPa}$

3-17

$P_A + (0.8 \times 9800 \times 0.18) = P_w + (9800 \times 0.23 \times 13.6)$

$P_w = P_A - 29243.2$

$P_w = P_o - (9800 \times 0.15) = 101 \times 10^3 - 1470 = 99530$

$99530 = P_A - 29243.2$

$\therefore P_A = 128.77\ \text{kPa}$

3-18

A 탱크의 하강 깊이를 Δy, 작은관의 상승 높이를 ΔH 라 하면

$P_A = \gamma \Delta H + P_B$

$P_A - P_B = \gamma \Delta H$

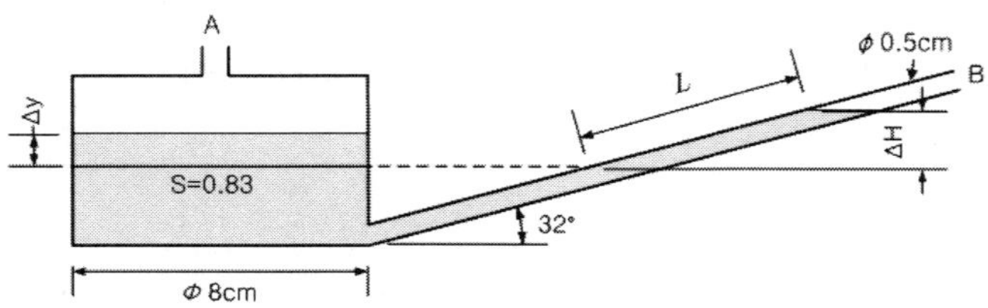

$\Delta H = L \sin\theta = 0.5299\ L$

$P_A - P_B = 0.83 \times 9800 \times 0.5299\, L = 4310.2\, L$

$\therefore P_A - P_B = 43.1\ \text{Pa/cm}$

3-19

피스톤 C에 작용하는 힘 F_c는

$F_c = 500 \times \dfrac{25}{12} = 1041.67\ \text{N}$ $\qquad \dfrac{F_c}{A_c} = \dfrac{F_D}{A_D}$ 이므로

$$F_D = F_c \frac{A_D}{A_c} = F_c \left(\frac{D_D}{D_c}\right)^2 = 1041.67 \left(\frac{32}{8}\right)^2 = 16.67\ \text{kN}$$

3-20

$$F = \gamma h_c A = (9800)\left(3 \times \frac{2}{3}\right)\left(3 \times 2 \times \frac{1}{2}\right) = 58.8\ \text{kN}$$

$$y_p = \bar{y} + \frac{I_c}{\bar{y}\, A} = 2 + \frac{\dfrac{2 \times 3^3}{36}}{2 \times \left(3 \times 2 \times \dfrac{1}{2}\right)} = 2.25\ \text{m}$$

3-21

$$F = \gamma h_c A = (9800)\left(1 + 3 \times \frac{1}{3}\right)\left(3 \times 2 \times \frac{1}{2}\right) = 58.8\ \text{kN}$$

$$y_p = \bar{y} + \frac{I_c}{\bar{y}\, A} = 2 + \frac{\dfrac{2 \times 3^3}{36}}{2 \times \left(3 \times 2 \times \dfrac{1}{2}\right)} = 2.25\ \text{m}$$

3-22

공기가 A 점에 만드는 모멘트는 물이 A 점에 만드는 모멘트와 같아야 하므로

$M_{air} = (P \times A) \times 1.6 = P \times 3.2 \times 1 \times 1.6 = 5.12\,P$

$M_{water} = F_w \times l$

$F_w = \gamma h_c A = 9800 \times 1 \times 2 \times 1 = 19600\ \mathrm{N}$

$$l = 1.2 + 1 + \frac{\dfrac{1 \times 2^3}{12}}{1 \times A} = 2.2 + 0.33 = 2.53\ \mathrm{m}$$

$5.12\,P = 19600 \times 2.53$

$\therefore\ P = 9.69\ \mathrm{kPa}$

3-23

(1) $F = \gamma h_c A$

$= (9800)\left(3.8 + \dfrac{1.2}{2}\right)(2.4 \times 2)$

$= 206.98\ \mathrm{kN}$

(2) $y_{cp} = -\dfrac{I_c \sin\theta}{h_c A}$

$$= -\frac{\dfrac{2 \times 2.4^3}{12} \times \dfrac{1}{2}}{\left(5 - \dfrac{1.2}{2}\right)(2.4 \times 2)} = -0.0545\ \mathrm{m}$$

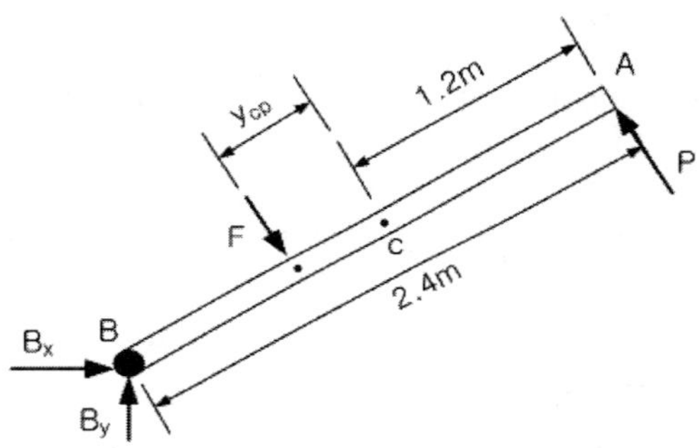

$M_B = 0$ 이므로 A 점의 반력 P는

$P \times 2.4 = 206.98 \times (1.2 - 0.0545)$ $\qquad \therefore\ P = 98.79\ \mathrm{kN}$

(3) $\sum F_x = 0$ 이므로

$B_x + F\sin\theta - P\cos 60 = 0$ $\qquad \therefore\ B_x = (206.98 \sin 30) - (98.79 \cos 60) = 54.10\ \mathrm{kN}$

$\sum F_y = 0$ 이므로

$B_y - F\cos\theta + P\sin 60 = 0$ $\qquad B_y = 206.98 \cos 30 - 98.79 \sin 60 = 93.70\ \mathrm{kN}$

$B = \sqrt{154.10^2 + 93.70^2} = 108.19\ \mathrm{kN}$

3-24

y가 수문에 작용하는 전압력의 작용점 아래로 내려오면 스스로 넘어진다.

$\therefore\ y = \dfrac{5}{3}\ \mathrm{m}$

3-25

폭을 1m 로 가정하여 수문 좌측면에 작용하는 힘을 구하면

$F_h = \gamma \dfrac{h}{2} A = 9800\left(\dfrac{h}{2}\right)(h \times 1) = 4900\,h^2$

수문 밑면에 작용하는 힘은

$F_b = PA = (9800 \times h)(1.2 \times 1) = 11760\,h$

$\sum M_o = 0 = \left(F_h \times \dfrac{h}{3}\right) - \left(F_b \times \dfrac{1}{2} \times 1.2\right)$

$(4900h^2 \times \frac{1}{3}h) - (11760h \times 0.6) = 0 \qquad h^2 = 4.32$

$\therefore h = 2.08\ \text{m}$

3-26

BC 면에 작용하는 압력은

$P_{BC} = \gamma h = (0.87 \times 9800)(0.5 + 0.4) + (9800 \times 0.3) = 10613.4\ \text{Pa}$

$F_{BC} = P_{BC} A_{BC} = 10613.4 \times 1.5 \times 0.4 = 6.37\ \text{kN}$

같은 방법으로 AD 면에 작용하는 압력은

$P_{AD} = 0.87 \times 9800 \times 0.4 = 3410.4\ \text{Pa}$

$F_{AD} = P_{AD} A_{AD} = 3410.4 \times 0.7 \times 0.4 = 954.91\ \text{N}$

3-27

$$F = \gamma h_c A = (9800) \times \frac{1.2}{2} \times \frac{\pi}{4} \times 1.2^2 = 6.647\ \text{kN}$$

$$y_p = \bar{y} + \frac{I_c}{\bar{y}A} = 0.6 + \frac{\frac{\pi \times 1.2^4}{64}}{0.6 \times \frac{\pi}{4} \times 1.2^2} = 0.75\ \text{m}$$

3-28

Oil이 AB 면에 작용하는 힘은

$$F_{AB} = \gamma h_c A = (0.8 \times 9800)\left(\frac{0.9}{2}\right)(0.9 \times 0.4) = 1270.08\ \text{N}$$

작용점은 A 점으로부터

$$y_{AB} = \frac{2}{3} \times 0.9 = 0.6\ \text{m}$$

Oil 깊이 0.9 m를 물의 깊이로 환산하면 0.72 m이므로 BC 면제 작용하는 힘은

$F_{BC} = \gamma h_c A = 9800(0.72 + 0.3)(0.6 \times 0.4) = 2399.04\ \text{N}$

물의 깊이로 환산한 작용점의 깊이는

$$y_{BC} = (0.72 + 0.3) + \frac{\frac{0.4 \times 0.6^3}{12}}{(0.72 + 0.3)(0.6 \times 0.4)} = 1.049\ \text{m}$$

실제 작용점의 위치는 A로부터

$y_{BC}' = y_{BC} + (0.9 - 0.72) = 1.229\ \text{m}$

$\sum M_A = 0$ 이므로 구하는 힘과 작용점은 다음과 같다.

$\therefore F_{ABC} = F_{AB} + F_{BC} = 3669.12\ \text{N}$

$(F_{AB} \times y_{AB}) + (F_{BC} \times y_{BC}') = F_{ABC} \times y_{ABC}$

$\therefore y_{ABC} = [(1270.08 \times 0.6) + (2399.04 \times 1.229)] \times \dfrac{1}{3669.12}$

$= 1.011\ \text{m}$ (수면아래)

3-29

담수가 작용하는 힘은

$F_1 = \gamma\left(\dfrac{8}{2}\right)(8 \times 2) = 627.2\ \text{kN}$

작용점은 사각형의 경우 밑의 A에서 $\dfrac{H}{3}$의 위치에 있으므로 담수의 작용점은

$y_1 = \dfrac{8}{3}\ \text{m}$

해수가 작용하는 힘과 작용점은

$F_2 = \gamma\left(\dfrac{3}{2}\right)(3 \times 2) = 1.025 \times 9800 \times 9 = 90.41\ \text{kN}$

작용점은 A에서 $\dfrac{3}{3} = 1\ \text{m}$ 위치에 있다. 두 힘의 합력을 구하면

$\therefore F = F_1 + F_2 = 536.79\ \text{kN}$

$\sum M_A = F \times Y_A = F_1 y_1 - F_2 y_2 = \left(627.2 \times \dfrac{8}{3}\right) - (90.41 \times 1) = 1582.13\ \text{kN} \cdot \text{m}$

$\therefore Y_A = \dfrac{1582.13}{536.79} = 2.95\ \text{m}$ (A점에서부터)

3-30

수평분력은 $F_H = \gamma h_c A = 9800 \times \dfrac{9}{2} \times 9 \times 4 = 1587.60\ \text{kN}$

수평분력의 작용점은 밑면에서부터 $\dfrac{9}{3} = 3\ \text{m}$

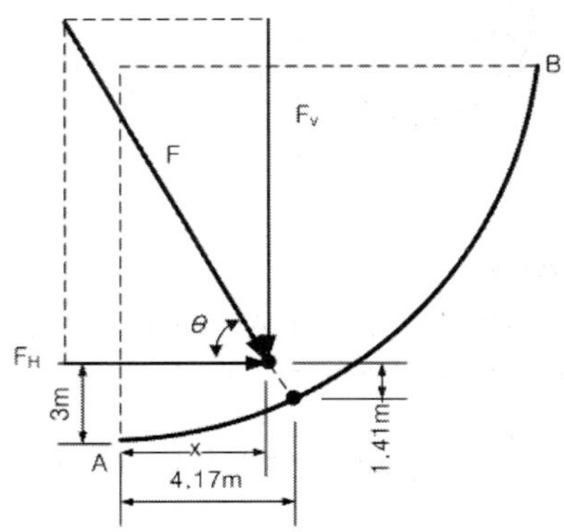

수직분력은 $F_v = 9800 \times \dfrac{\pi r^2}{4} \times 4 = 2492.53\ \text{kN}$

작용점 x 는 부록에서 찾으면

$x = \dfrac{4r}{3\pi} = 3.82\ \text{m}$

$\therefore F = \sqrt{F_H^2 + F_v^2} = \sqrt{1587.6^2 + 2492.5^2}$

$= 2955.20\ \text{kN}$

$\tan\theta = \dfrac{F_v}{F_H} = \dfrac{2492.5}{1587.6} = 1.57$

$\therefore \theta = 57.5^\circ$

3-31

수평분력은

$$F_H = \gamma \times \frac{R}{2} \times b \times R = 9800 \times \frac{1}{2} \times 2 \times 1 = 9800\ \text{N}$$

수직분력은(부력이므로)

$$F_V = \gamma \times \frac{\pi R^2}{4} \times b = 9800 \times \frac{\pi(1^2)}{4} \times 2 = 15386\ \text{N}$$

$$F = \sqrt{F_H^2 + F_V^2} = \sqrt{9800^2 + 15386^2} = 18241.96\ \text{N}$$

$$\tan\theta = \frac{F_V}{F_H} = \frac{15386}{9800} = 1.57$$

$$\therefore \theta = 57.5^\circ$$

3-32

수평방향의 힘은 없다. 수직방향의 힘은

F_V = 공기압력이구멍에작용하는힘 + 원추위에있는물의무게

$$= (30 \times 10^3)\left(\frac{\pi}{4}0.3^2\right) + (9800 \times 1.2)\left(\frac{\pi}{4}0.3^2\right) - \left(9800 \times \frac{1}{3} \times 0.362\right)\left(\frac{\pi}{4}0.3^2\right)$$

$$= 2866.80\ \text{N}$$

3-33

B점의 반력은 수평방향의 힘 밖에는 없다. 목재의 평형상태는 수직력이므로 목재의 수직력은 빗금친 부분의 액체 무게와 같고 이것은 목재의 무게와 같다.

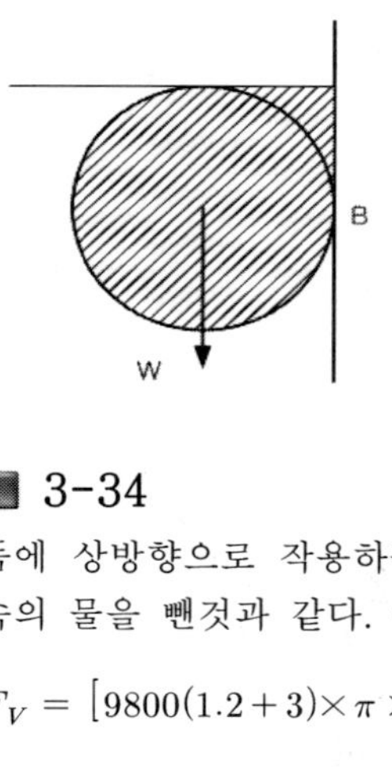

$$W = F_V = 9800\left(\frac{3}{4}\pi \times 1^2 + 1 \times 1\right) \times 4 = 131516\ \text{N}$$

$$W = \gamma \tilde{V}$$

$$\gamma = \frac{W}{\tilde{V}} = \frac{131516}{\pi \times 1^2 \times 4} = 10471.0\ \text{N/m}^3$$

$$\therefore S = \frac{10471}{9800} = 1.07$$

3-34

돔에 상방향으로 작용하는 힘은 반지름 1.2 m, 높이 (1.2+3) m 기둥의 물의 무게에서 돔속의 물을 뺀것과 같다. 즉, 돔 위의 물의 무게와 같다.

$$F_V = [9800(1.2+3) \times \pi \times 1.2^2] - \left(9800 \times 3 \times \frac{\pi \times 0.05^2}{4}\right) - \left(9800 \times \frac{1}{2} \times \frac{4\pi}{3} \times 1.2^3\right)$$

$$= 150.60\ \text{kN}$$

실제 작용하는 힘은

$$F = F_V - W = 150.60 - 20 = 130.60\ \text{kN}$$

1개의 볼트에 걸리는 힘은 = $\frac{F}{4} = \frac{130.60}{4} = 32.65\ \text{kN}$

3-35

물체의 유체속에서의 무게(장력 T)은 부력(F_B)과 공기 중의 무게(W_A)와 다음과 같은 관계를 가진다.

$W_A = T + F_B$

물 : $W_A = 4 + (9800 \times \tilde{V})$

기름: $W_A = 7 + (0.85 \times 9800)\tilde{V}$

$4 + (9800 \times \tilde{V}) = 7 + (0.85 \times 9800)\tilde{V}$ $\quad \therefore \tilde{V} = 2.04 \times 10^{-3}\ \mathrm{m^3}$, $W_A = 24.0\ \mathrm{N}$

$$\gamma = \frac{W_A}{\tilde{V}} = \frac{24.0}{2.04 \times 10^{-3}} = 11764.7\ \mathrm{N/m^3}$$

3-36

떠 있는 경우 이므로 부력이 무게와 같다.

$F_B = W \qquad (\tilde{V} - 16)\gamma_{sea} = \tilde{V}\gamma_{ice}$

$\tilde{V}(\gamma_{sea} - \gamma_{ice}) = 16\gamma_{sea} \qquad \tilde{V} = \dfrac{16 \times 1.025 \times 9800}{(1.025 - 0.93) \times 9800} = 172.63\ \mathrm{m^3}$

$W = 172.63 \times 0.93 \times 9800 = 1.573 \times 10^6\ \mathrm{N}$

3-37

무게는 부력과 같으므로

$F_B = W$

$6 \times 18 \times H \times 9800 = (150 + 35) \times 10^3 \times 9.8$

$H = 1.71\ \mathrm{m}$

3-38

전체 막대의 부피 $\widetilde{V_{wood}} = 0.05 \times 0.05 \times 3 = 0.0075\ \mathrm{m^3}$

목재의 무게는 $W_{wood} = \gamma_{wood} \times \widetilde{V_{wood}} = 0.62 \times 9800 \times 0.0075 = 45.57\ \mathrm{N}$

잠긴 부분의 길이가 L 이라면 부력은 $F_B = 1.025 \times 9800 \times 0.05^2 \times L = 25.11\,L$

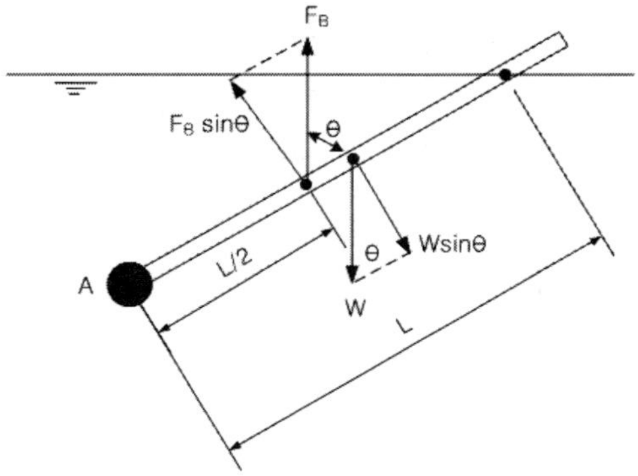

$F_B \sin\theta$는 막대를 반시계 방향으로, $W\sin\theta$는 시계 방향으로 회전시킨다. 두 회전모멘트가 A 점에서 평형이 되므로 다음과 같다.

$$M_A = 0 = \left(F_B \sin\theta \times \frac{L}{2}\right) - (W\sin\theta \times 1.5)$$

$$= \sin\theta\left[\left(25.11\,L \times \frac{L}{2}\right) - (45.57 \times 1.5)\right]$$

$L = 2.33\ \mathrm{m}$

$\cos\theta = \dfrac{2}{2.33} = 0.858 \qquad \therefore \theta = 30.9^\circ$

3-39

상자의 밑면적을 A 라하면

$F_B = W$

$\gamma_m A\,b + \gamma_{oil} A\,a = 9800 \times 9.0 \times A(a+b)$ $\qquad 13.6b + 0.89a = 9.0(a+b)$

$\therefore \dfrac{a}{b} = 0.567$ (부피의 비율은 깊이의 비율과 같다)

3-40

$\overline{MB} = \dfrac{I}{\tilde{V}}$ 이므로 이 식을 이용하자.

$\tilde{V} = 8 \times 14 \times 2 = 224\ \text{m}^3 \quad I = \dfrac{b\,h^3}{12} = \dfrac{14 \times 8^3}{12} = 597.33\ \text{m}^4$

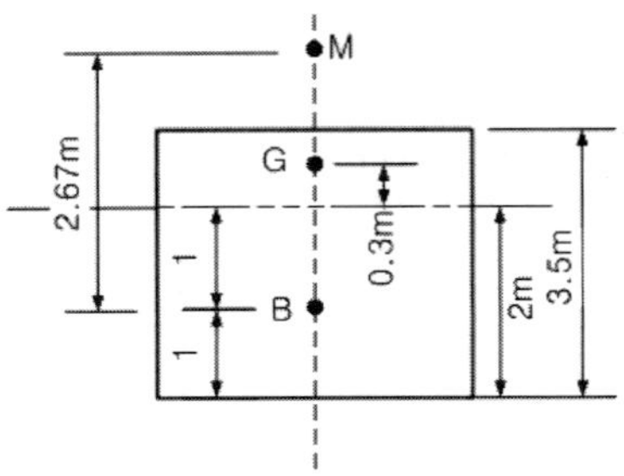

$\overline{MB} = \dfrac{I}{\tilde{V}} = \dfrac{597.33}{224} = 2.67\ \text{m}$

물속에 잠긴 부분의 깊이가 2 m 이므로 부심 B는 밑바닥으로부터 1 m 깊이에 있다. 따라서

$\overline{GB} = \dfrac{2}{2} + 0.3 = 1.3\ \text{m}$

$\overline{GM} = \overline{MB} - \overline{GB} = 2.67 - 1.3 = 1.37\ \text{m}$

$\therefore$ 메타센타의 높이 $\overline{GM} = 1.37 > 0$ 이므로 안전하다.

3-41

육면체의 무게중심은 $\dfrac{3}{2}$ m 위치에, 즉, 1.5 m 위치에 있고 흘수(잠긴 부분의 깊이)는 $3 \times 0.82 = 2.46$ m 이다. 또 부심은 흘수의 $\dfrac{1}{2}$ 위치인 1.23 m에 있다.

$\overline{MB} = \dfrac{I}{\tilde{V}} = \dfrac{\dfrac{3 \times 3^3}{12}}{3 \times 3 \times 2.46} = 0.30\ \text{m}$

$\overline{GB} = 1.5 - 1.23 = 0.27\ \text{m}$

$\overline{GM} = \overline{MB} - \overline{GB} = 0.30 - 0.27 = 0.03\ \text{m}$

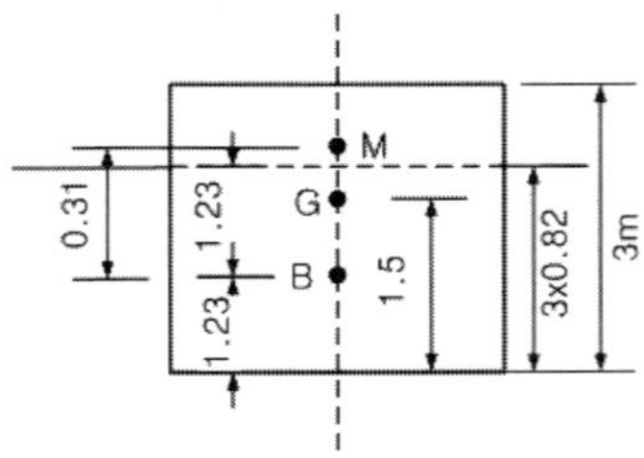

$\therefore\ \overline{GM} > 0$ 이므로 안정하다.

3-42

$dP = -\rho a_x\,dx - \rho(a_z + g)dz$ 에서 $a_x = 0$ 이므로

(1) $dP = -\rho(a_z + g)dz \qquad a_z = -2.5\ \text{m/s}^2$

$\Delta P = -10^3(-2.5 + 9.8) \times (-3) = 21.9$ kPa gage

(2) $\Delta P = -10^3(2.5 + 9.8) \times (-3) = 36.9$ kPa gage

3-43

중심에서의 깊이를 h_o 라 하면 $\Delta h = \dfrac{r^2\omega^2}{2g}$ 에서

$$h_o = h - \frac{r^2\omega^2}{2g} \qquad \omega = \frac{2\pi n}{60} = \frac{2\pi \times 60}{60} = 6.28\,\text{rad/s}$$

$$h_o = 1.5 - \frac{0.5^2 \times 6.28^2}{2g} = 0.997\,\text{m}$$

$$P = \gamma h_o = 9800 \times 0.997 = 9.77\,\text{kPa}$$

3-44

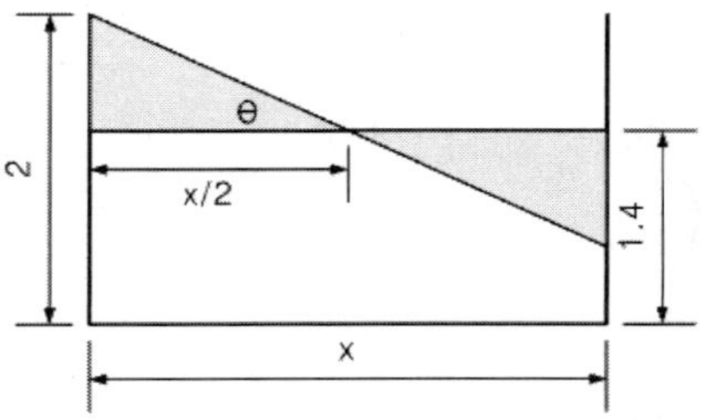

$$\tan\theta = \frac{a_x}{g} = \frac{4.9}{9.8} = 0.5$$

$$\tan\theta = 0.5 = \frac{2-1.4}{\dfrac{x}{2}}$$

$$x = 2.4\,\text{m}$$

3-45

등압선이 B와 D를 지나야 하므로

$$H = \frac{R^2\omega^2}{2g} \qquad 0.5 = \frac{0.3^2 \times \omega^2}{2g} \qquad \omega = 10.43\,\text{rad/s}$$

$$N = \frac{60\omega}{2\pi} = \frac{60 \times 10.43}{2 \times 3.14} = 99.7\,\text{rpm}$$

3-46

C 의 압력이 A의 압력과 같아지면 $P_A = P_C$ 즉, 같은 등압선 상에 있어야 한다.

$$\tan\theta = \frac{a_x}{g} = \frac{0.5}{0.3}$$

$$a_x = 16.33\,\text{m/s}^2$$

3-47

원통을 회전시켰을 때의 부피

$$d\widetilde{V} = 2\pi r\,dr\left(\frac{r^2\omega^2}{2g}\right)$$

$$\widetilde{V} = \int_0^{r_o} 2\pi r\,dr\left(\frac{r^2\omega^2}{2g}\right) = \int_0^{r_o} \frac{\pi\omega^2}{g} r^3\,dr$$

$$= \frac{\pi\omega^2}{4g} r_o^4$$

$$= \frac{1}{2}\left(\pi r_o^2 \cdot \frac{r_o^2\omega^2}{2g}\right) \text{ 원통부피의 } \frac{1}{2}$$

즉, 포물선 형태로되면 외곽의 부피는 포물선 내부의 공기 부피와 같다. 또는 원통 부피의

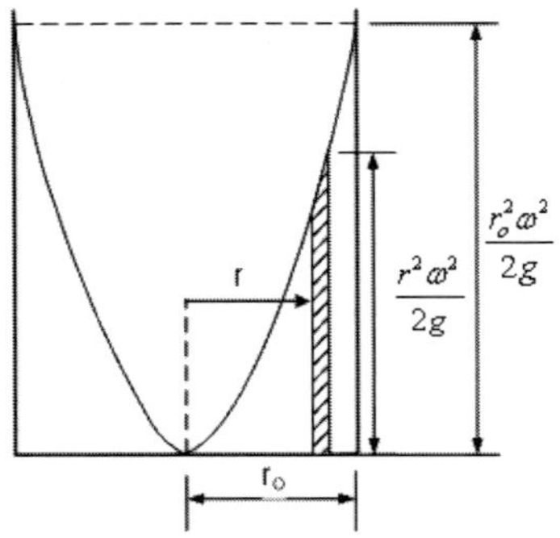

1/2 이다.

회전 전의 물의 부피 = 1/2 회전시의 원통의 부피

$$\pi r_o \times 0.6 = \frac{\pi\omega^2}{4g} r_o^4$$

$$\frac{r_o^2\omega^2}{2g} = 2\times 0.6 = 1.2\ \mathrm{m}$$

$$\omega = 9.70\ \mathrm{rad/s}$$

3-48

$\omega = 5\ \mathrm{rad/s}$ 일 경우

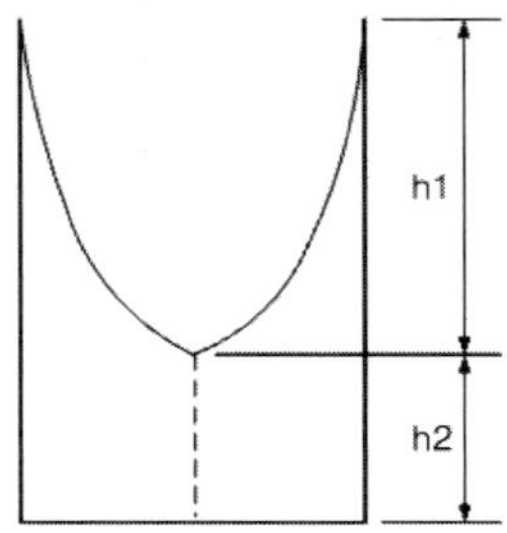

$$h_1 = \frac{r_o^2\omega^2}{2g} = \frac{0.5^2\times 5^2}{2\times 9.8} = 0.32\ \mathrm{m}$$

$$h_2 = 0.6 - \frac{1}{2}h_1 = 0.6 - \left(\frac{1}{2}\times 0.32\right) = 0.44$$

$$P_A = \gamma h_A = 9800(0.44 + 0.32) = 7.448\ \mathrm{kPa}$$

3-49

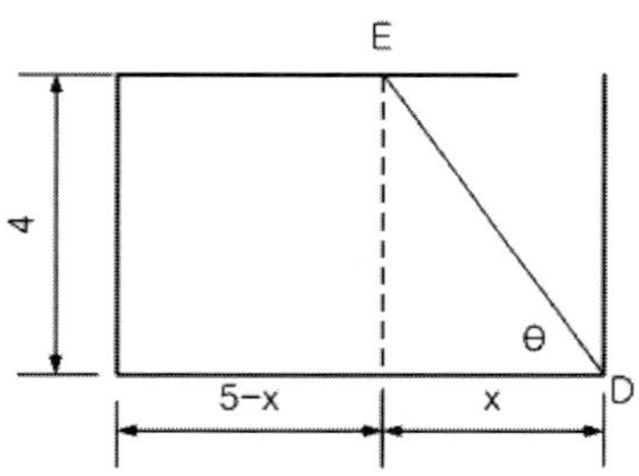

(1) 물의 경사면이 우측 아래 구석에 오는 경우를 생각하자. $\overline{DE}$ 의 경우의 가속도는 물의 부피가 동일 하므로 다음과 같다.

$$3\times 5 = \frac{1}{2}\times 4(5+5-x) \qquad x = 2.5\ \mathrm{m}$$

$$\tan\theta = \frac{a_x}{g} = \frac{4}{2.5} \qquad a_x = 15.68\ \mathrm{m/s^2}$$

(2) 실제 가속도는 18 $\mathrm{m/s^2}$ 이므로 다음과 같은 $\overline{FG}$ 의 형상을 이룬다.

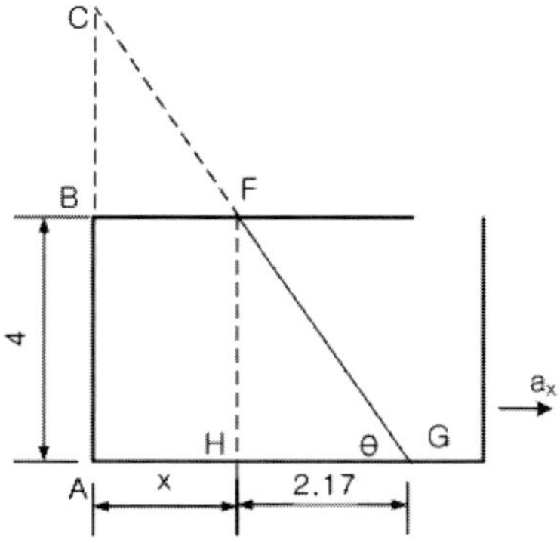

$$\tan\theta = \frac{18}{g} = 1.84$$

$$\overline{GH} = 2.17\ \mathrm{m}$$

$$3\times 5 = \frac{1}{2}(x + x + 2.17)\times 4$$

$$x = 2.67\ \mathrm{m}$$

$$\overline{BC} = 2.67\tan\theta = 4.90\ \mathrm{m}$$

$$\overline{AC} = (2.67 + 2.17)\tan\theta = 8.90\ \mathrm{m}$$

$$\therefore P_A = \gamma\overline{AC} = 9800\times 8.90 = 87.22\ \mathrm{kPa}$$

$$\therefore P_B = \gamma\overline{BC} = 9800\times 4.90 = 48.02\ \mathrm{kPa}$$

3-50

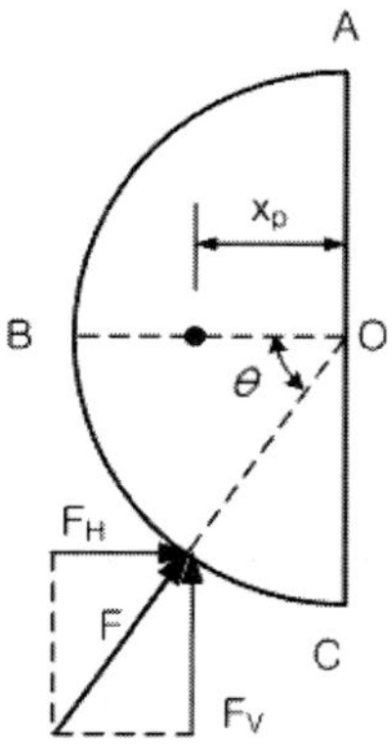

수평력 $F_H = \gamma h_c A = \left[0.9 \times 9800\left(3.5 + \frac{2}{2}\right) \times 2 \times 1\right] = 79.38 \text{ kN}$

작용점 $y_p = \left(3.5 + \frac{2}{2}\right) + \frac{\frac{1 \times 2^3}{12}}{4.5 \times 2 \times 1} = 4.57 \text{ m}$

수직방향의 힘은 부력으로 다음과 같다.

$F_V = \gamma \widetilde{V} = 0.9 \times 9800 \times \left(\frac{\pi \times 2^2}{4} \times \frac{1}{2} \times 1\right) = 13.85 \text{ kN}$

작용점 $x_p = \frac{4r}{3\pi} = \frac{4 \times 1}{3\pi} = 0.43 \text{ m}$ (부록참조)

$F = \sqrt{F_H^2 + F_V^2} = \sqrt{79.38^2 + 13.85^2} = 80.58 \text{ kN}$

$\tan\theta = \frac{F_V}{F_H} = \frac{13.85}{79.38} = 0.175$

$\theta = 9.93^\circ$ 로 방향은 중심 O을 지난다.

3-51

힘의 작용점의 위치가 힌지에 올 수 있도록 설정하면 된다.

$y = y_p - 2.5$

$= 3.5 + \frac{\frac{1 \times 2^3}{12}}{3.5 \times 2 \times 1} - 2.5 = 1.095 \text{ m}$

제 4 장

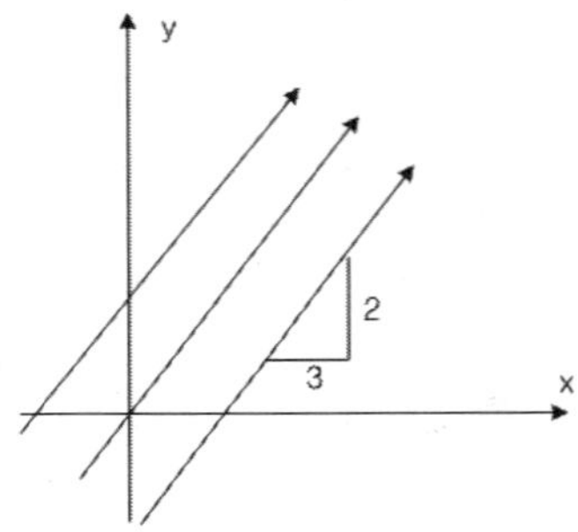

4-1

$u = 3,\ v = 2$

$\frac{dx}{u} = \frac{dy}{v} \qquad \frac{dx}{3} = \frac{dy}{2} \qquad \frac{dy}{dx} = \frac{2}{3}$

$y = \frac{2}{3}x + C$ (유선식)

4-2

유선 방정식은 $\frac{dx}{u} = \frac{dy}{v} = \frac{dz}{w}$ 이므로 $\frac{dx}{2x} = \frac{dy}{-y}$ 이다.

적분하면 $\ln\sqrt{x} = -\ln y + \ln C_1$ 또는 $y\sqrt{x} = C_1$

$x = 1,\ y = 2$ 를 대입하면 $y\sqrt{x} = 2$

$\frac{dx}{2x} = \frac{dz}{4-z} \qquad \ln\sqrt{x} = -\ln(4-z) + \ln C_2 \qquad (4-z)\sqrt{x} = C_2$

$x = 1,\ z = 3$ 을 대입하면 $C_2 = (4-3)\sqrt{1} = 1$ 즉, $(4-z)\sqrt{x} = 1$

$\therefore$ (1,2,3)에서 $y\sqrt{x} = 2$ 와 $(4-z)\sqrt{x} = 1$ 이다.

4-3

$u = 2x,\ v = -y$ 이므로 $\frac{dx}{u} = \frac{dy}{v} \qquad \frac{dx}{2x} = \frac{dy}{-y}$

적분하면 $\ln\sqrt{x} = -\ln y + \ln C$

$y\sqrt{x} = C$ (stream function)

가속도를 구하면

$$a_x = \frac{\partial u}{\partial t} + u\frac{\partial u}{\partial x} + v\frac{\partial u}{\partial y} = 0 + (2x)(2) + (-y)(0) = 4x$$

$$a_y = \frac{\partial v}{\partial t} + u\frac{\partial v}{\partial x} + v\frac{\partial v}{\partial y} = 0 + (2x)(0) + (-y)(-1) = y$$

$$a = a_x i + a_y j + a_z k = 4xi + yj$$

4-4

$u = 3tx,\ v = -yz,\ w = 2t^2 z$

(1) $u = v = w \neq 0$ 이므로 3차원 유동이다.

(2) $\frac{\partial u}{\partial t} \neq 0,\ \frac{\partial w}{\partial t} \neq 0$ 이므로 비정상유동 이다.

(3)

$$a_x = \frac{\partial u}{\partial t} + u\frac{\partial u}{\partial x} + v\frac{\partial u}{\partial y} + w\frac{\partial u}{\partial z} = 3x + (3tx)(3t) + (-yx)(0) + (2t^2 z)(0)$$

$$= 3x + 9t^2 x$$

$$a_y = \frac{\partial v}{\partial t} + u\frac{\partial v}{\partial x} + v\frac{\partial v}{\partial y} + w\frac{\partial v}{\partial z} = (0) + (3tx)(0) + (-yz)(-z) + (2t^2 z)(-y)$$

$$= yz^2 - 2t^2 yz$$

$$a_z = \frac{\partial w}{\partial t} + u\frac{\partial w}{\partial x} + v\frac{\partial w}{\partial y} + w\frac{\partial w}{\partial z} = (4tz) + (3tx)(0) + (-yz)(0) + (2t^2 z)(2t^2)$$

$$= 4tz + 4t^4 z$$

$$a = a_x i + a_y j + a_z k$$

$$= (3x + 9t^2 x)i + (yz^2 - 2t^2 yz)j + (4tz + 4t^4 z)k$$

점(1,2,3)에서의 가속도는

$$a = (3 + 9t^2)i + (18 - 12t^2)j + (12t + 12t^4)k$$

$t = 2$ 이면 가속도는

$$a = 39i - 30j + 216k$$

$$|a| = \sqrt{39^2 + (-30)^2 + 216^2} = 221.5 \text{ m/s}^2$$

4-5

$$\frac{D\rho}{Dt} = \frac{\partial \rho}{\partial t} + u\frac{\partial \rho}{\partial x} + v\frac{\partial \rho}{\partial y} + w\frac{\partial \rho}{\partial z}$$ 이므로

$u = 5,\ v = 0,\ w = 4$ $\quad \frac{\partial \rho}{\partial t} = 0,\ \frac{\partial \rho}{\partial x} = 0,\ \frac{\partial \rho}{\partial y} = 0,\ \frac{\partial \rho}{\partial z} = \frac{1025}{3}$ 을 대입하면

$$\frac{D\rho}{Dt} = 0 + (5)(0) + (0)(0) + (4)\left(\frac{1025}{3}\right) = 1366.7 \text{ kg/m}^3 \cdot \text{s}$$

4-6

(a) $V = 2y^2 i + 15xj$ 에 (1,2,3)을 대입하면

$$V = 2(2)^2 i + 15(1)j = 8i + 15j$$

(b) 순간가속도 $\frac{\partial V}{\partial t} = 0$

(b) 대류 가속도

$$u\frac{\partial u}{\partial x} + v\frac{\partial u}{\partial y} = (2y^2)(0) + (15x)(4y) = 60xyi$$

$$u\frac{\partial v}{\partial x} + v\frac{\partial v}{\partial y} = (2y^2)(15) + (15x)(0) = 30y^2 j$$

$$a = 60xyi + 30y^2 j = 60(1 \times 2)i + 30(2^2) = 120i + 120j$$

4-7

$$Q = AV = \frac{\pi}{4}0.1^2 \times 5 = 0.039 \text{ m}^3/\text{s}$$

$$\dot{m} = \rho Q = 879 \times 0.039 = 34.50 \text{ kg/s}$$

$$\dot{G} = \rho g Q = 9.8 \times 34.50 = 338.11 \text{ N/s}$$

4-8

평균속도

$$V = \frac{Q}{A} = \frac{150}{0.5 \times 0.5} = 600\ \text{m/min} = 10\ \text{m/s}$$

4-9

1, 2에 Bernoulli Eq.을 적용하자.

$$0 + \frac{V_1^2}{2g} + z_1 = 0 + \frac{V_2^2}{2g} + 0$$

$$V_2^2 = V_1^2 + 2gz_1 = 2^2 + (2 \times 9.8 \times 5) = 102 \qquad V_2 = 10.10\ \text{m/s}$$

$$A_1 V_1 = A_2 V_2 \qquad d_2^2 = d_1^2 \frac{V_1}{V_2} = (0.2^2)\frac{2}{10.10} = 0.0079$$

$$\therefore\ d_2 = 0.089\ \text{m} = 8.9\ \text{cm}$$

4-10

$$\frac{\partial}{\partial t}\int_{cv} \rho d\widetilde{V} + \int_{cs} \rho(V \cdot n)dA = 0$$

비압축성 정상유동이므로

$$\frac{\partial}{\partial t}\int_{cv} \rho d\widetilde{V} = 0$$

$$\int_{cs} \rho(V \cdot n)dA = -\sum_{in}\dot{m} + \sum_{out}\dot{m} = 0$$

$$\sum_{in}\dot{m} = \left(0.8 \times 10^3 \times \frac{\pi}{4}0.1^2 \times 5\right) + (10^3 \times 0.05) = 81.4\ \text{kg/s}$$

$$\sum_{out}\dot{m} = \rho V\left(\frac{\pi}{4}0.15^2\right) = 0.0177\rho V$$

비압축성이므로 $Q_{in} = Q_{out}$

$$Q_{in} = \left(\frac{\pi}{4}0.1^2 \times 5\right) + 0.05 = 0.0893\ \text{m}^3/\text{s} \qquad Q_{out} = \left(\frac{\pi}{4}0.15^2\right)V = 0.0177\ V\ \text{m}^3/\text{s}$$

$$\therefore\ V = \frac{0.0893}{0.0177} = 5.05\ \text{m/s} \qquad \rho = \frac{81.4}{0.0177\ V} = 910.7\ \text{kg/m}^3$$

4-11

$$\int_{cs} \rho(V \cdot n)dA = \sum_{out}\dot{m} - \sum_{in}\dot{m} = 0$$

$$Q_B = \frac{\pi}{4}0.1^2 \times 5 = 0.03925\ \text{m}^3/\text{s}$$

$$Q_C = Q_B - Q_A = 0.03925 - 0.02 = 0.01925\ \text{m}^3/\text{s}$$

$$V_C = \frac{Q_C}{A_C} = \frac{4 \times 0.01925}{\pi \times 0.08^2} = 3.8\ \text{m/s}\ (\text{유입})$$

4-12

Control surface를 잡는 방법을 두 가지로 하여 보자.

(1) control surface를 수면 아래로 고정하여 잡는 경우

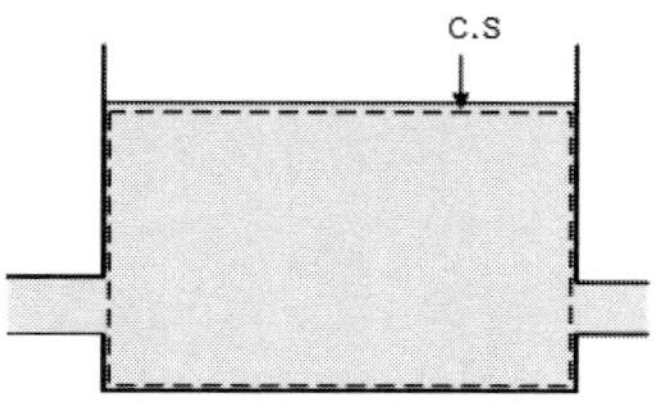

$$\frac{\partial}{\partial t}\int_{cv}\rho d\widetilde{V} + \int_{cs}\rho(V \cdot n)dA = 0$$

$$\frac{\partial}{\partial t}\int_{cv}\rho d\widetilde{V} = 0$$

$$\int_{cs}\rho(V \cdot n)dA = \sum_{out}\dot{m} - \sum_{in}\dot{m} = 0$$

$\rho = C$ 이므로

$$Q_1 + Q_2 = Q_3 + A_t V_t \qquad V_t = \frac{dh}{dt} = \frac{1}{A_t}(Q_1 + Q_2 - Q_3)$$

$$Q_1 = \frac{\pi}{4}d_1^2 V_1 = \frac{\pi}{4}(0.15)^2 \times 4 = 0.071 \text{ m}^3/\text{s}$$

$$Q_2 = 0.015 \text{ m}^3/\text{s} \qquad Q_3 = \frac{\pi}{4}d_3^2 V_3 = \frac{\pi}{4}(0.2)^2 \times 5.5 = 0.173 \text{ m}^3/\text{s}$$

$$A_t = \frac{\pi \times 1^2}{4} = 0.785 \text{ m}^2$$

$$V_t = \frac{1}{0.785}(0.071 + 0.015 - 0.173) = -0.11 \text{ m/s}$$

∴ 탱크의 수면이 0.111 m/s 속도로 내려간다.

(2) control surface를 수면 위로 잡는 경우

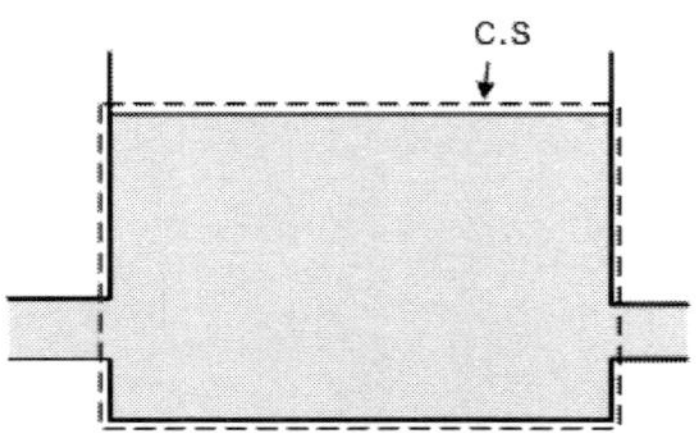

$$\frac{\partial}{\partial t}\int_{cv}\rho d\widetilde{V} + \int_{cs}\rho(V \cdot n)dA = 0$$

$\rho = C$ 이므로

$$\frac{\partial}{\partial t}\int_{cv} d\widetilde{V} = \frac{d\widetilde{V}}{dt} = A_t\frac{dh}{dt}$$

$$\int_{cs}(V \cdot n)dA = \sum_{out}\dot{Q} - \sum_{in}\dot{Q}$$

$$\sum_{in}\dot{Q} = Q_1 + Q_2 = 0.086 \text{ m}^3/\text{s}$$

$$\sum_{out}\dot{Q} = \frac{\pi}{4}(0.2)^2 \times 5.5 = 0.173 \text{ m}^3/\text{s}$$

$$A_t\frac{dh}{dt} + 0.173 - 0.086 = 0$$

$$\therefore \frac{dh}{dt} = \frac{1}{A_t}(0.086 - 0.173) = -0.11 \text{ m/s}$$

4-13

$$\gamma_1 A_1 V_1 = \gamma_2 A_2 V_2$$

$$V_2 = V_1\frac{A_1}{A_2} = V_1\left(\frac{d_1}{d_2}\right)^2 = 0.03\left(\frac{2}{0.1}\right)^2 = 12 \text{ m/s}$$

4-14

$$\frac{\partial}{\partial t}\int_{cv}\rho d\widetilde{V} + \int_{cs}\rho(V \cdot n)dA = 0$$

$\int_{cv} \rho d\widetilde{V} = \int_{cv} dm = m$ 이므로

$\dfrac{\partial m}{\partial t} = -\int_{cs} \rho (V \cdot n) dA = \sum_{in} \dot{m} - \sum_{out} \dot{m}$

$\sum_{in} \dot{m} = 0$

$R = \dfrac{Ru}{M} = \dfrac{8314}{32} = 259.8 \text{ J/kg} \cdot \text{K}$ $\qquad \rho_2 = \dfrac{P_2}{R\,T_2} = \dfrac{100 \times 10^3}{(259.8)(793)} = 0.485 \text{ kg/m}^3$

$A_2 = \dfrac{\pi \times 0.2^2}{4} = 0.0314 \text{ m}^2$

$\therefore \dfrac{\partial m}{\partial t} = -\sum_{out} \dot{m} = -\rho_2 A_2 V_2$

$= -(0.485)(0.0314)(1000) = -15.23 \text{ kg/s}$

4-15

물줄기의 낙하거리 $= 2 - 1 = 1 \text{ m} = \dfrac{1}{2} g t^2$

$t = 0.45$ sec

0.45초 동안 이동한 수평거리가 1.2m 이므로

$V t = 1.2$ $\qquad V = \dfrac{1.2}{0.45} = 2.67 \text{ m/s}$ $\qquad V = \sqrt{2gh}$

$\therefore h = \dfrac{V^2}{2g} = \dfrac{2.67^2}{2 \times 9.8} = 0.36 \text{ m}$

4-16

최대 압력은 표면에서의 정체압력이므로

$P_t = P_o + \dfrac{\rho V^2}{2}$ $\qquad P_o = \gamma h = 9800 \times 8 = 78.4 \text{ kPa}$

$\dfrac{\rho V^2}{2} = P_t - P_o = 80 - 78.4 = 1.6 \text{ kPa}$

$\therefore V = 1.79 \text{ m/s}$

4-17

$V_1 = \dfrac{Q}{A_1} = \dfrac{4 \times 0.02}{\pi \times 0.1^2} = 2.55 \text{ m/s}$ $\qquad V_2 = \dfrac{Q}{A_2} = \dfrac{4 \times 0.02}{\pi \times 0.06^2} = 7.08 \text{ m/s}$

먼저 P_1을 구하자.

$\dfrac{P_1}{\gamma} + \dfrac{V_1^2}{2g} + 0 = \dfrac{P_2}{\gamma} + \dfrac{V_2^2}{2g} + z_2$ $\qquad P_2 = \gamma \times 2$

$P_1 = P_2 + \gamma\left(\dfrac{V_2^2 - V_1^2}{2g} + z_2\right) = (9800 \times 2) + 9800\left(\dfrac{7.08^2 - 2.55^2}{2g} + 2\right)$

$= 61.01 \text{ kPa}$

$\therefore P = P_1 - \gamma h = 61.01 - (9.8 \times 5) = 12.01 \text{ kPa}$

4-18

1, 3 사이에 베르누이 방정식을 적용하자.

$$z_1 = \frac{V_3^2}{2g} + H_{l1-2} + H_{l2-3} \qquad 3 = \frac{V_3^2}{2g} + 0.3 + 0.9$$

$V_3 = 5.94 \text{ m/s}$

$$Q = A\,V = \frac{\pi}{4}0.1^2 \times 5.94 = 0.0466 \text{ m}^3/\text{s}$$

1, 2 사이에 베르누이 방정식을 적용하자.

$$0 = \frac{P_2}{\gamma} + \frac{V_2^2}{2g} + z_2 + H_{l1-2} \qquad V_2 = \frac{Q}{A} = \frac{4 \times 0.0466}{\pi \times 0.075^2} = 10.55 \text{ m/s}$$

$$P_2 = -\gamma\left(\frac{V_2^2}{2g} + z_2 + H_{l1-2}\right) = -(9800)\left(\frac{10.55^2}{2g} + 2 + 0.3\right)$$

$$= -78.19 \text{ kPa}$$

4-19

$$V_A = \frac{Q}{A_A} = \frac{4 \times 0.15}{\pi \times 0.15^2} = 8.49 \text{ m/s} \qquad V_B = \frac{4 \times 0.15}{\pi \times 0.45^2} = 0.94 \text{ m/s}$$

$$H_A = z_A + \frac{V_A^2}{2g} + \frac{P_A}{\gamma} = 0 + \frac{8.49^2}{2g} + \frac{91 \times 10^3}{0.877 \times 9800} = 14.27 \text{ m}$$

$$H_B = z_B + \frac{V_B^2}{2g} + \frac{P_B}{\gamma} = 4 + \frac{0.94^2}{2g} + \frac{60 \times 10^3}{0.877 \times 9800} = 11.03 \text{ m}$$

$H_A > H_B$ 이므로 A -> B로 흐른다.

$H_\ell = H_A - H_B = 3.24 \text{ m}$

4-20

$$V_1 = \frac{Q}{A_1} = \frac{6.5}{0.07 \times 1.2 \times 9.8} = 7.90 \text{ m/s} \qquad V_2 = \frac{Q}{A_2} = \frac{6.5}{0.03 \times 1.2 \times 9.8} = 18.42 \text{ m/s}$$

$$\frac{P_1}{\gamma} + \frac{V_1^2}{2g} + 0 = \frac{P_2}{\gamma} + \frac{V_2^2}{2g} + 0 \qquad \frac{P_1 - P_2}{\gamma} = \frac{V_2^2 - V_1^2}{2g} = 14.13$$

$\therefore \; P_1 - P_2 = 1.2 \times 9.8 \times 14.13 = 166.2 \text{ Pa}$

4-21

$PE = KE$ 이므로

(1) $mgh = \frac{1}{2}mV^2 \qquad h = \frac{V^2}{2g} = \frac{20^2}{2 \times 9.8} = 20.4 \text{ m}$

(2) 45도 이므로 속도의 수평, 수직성분을 구하면

$V_h = V_v = V\cos 45 = 14.14 \text{ m/s}$

$$h = \frac{V_h^2}{2g} = \frac{14.14^2}{2 \times 9.8} = 10.2 \text{ m}$$

4-22

$V_1 = \frac{Q}{A_1} = \frac{4 \times 0.085}{\pi \times 0.18^2} = 3.34 \text{ m/s} \qquad V_2 = \frac{Q}{A_2} = \frac{4 \times 0.085}{\pi \times 0.15^2} = 4.81 \text{ m/s}$

$P_1 = -101.3 \times \frac{250}{760} = -33.32 \text{ kPa}$

$H_1 = z_1 + \frac{V_1^2}{2g} + \frac{P_1}{\gamma} = 8 + \frac{3.34^2}{2g} - \frac{33.32 \times 10^3}{9800} = 5.17 \text{ m}$

$H_2 = z_2 + \frac{V_2^2}{2g} + 0 = (8 + 5 + 13) + \frac{4.81^2}{2g} = 27.18 \text{ m}$

$H_p = H_2 - H_1 = 22.01 \text{ m}$

$L = \gamma Q H_p = 9800 \times 0.085 \times 22.01 = 18.33 \text{ kW}$

4-23

$V_2 = \frac{Q}{A_2} = \frac{4 \times 0.017}{\pi \times 0.15^2} = 0.96 \text{ m/s}$

$\frac{P_1}{\gamma} + 0 + z_1 = 0 + \frac{V_2^2}{2g} + z_2 + H_\ell$

$P_1 = \gamma\left(\frac{V_2^2}{2g} + z_2 - z_1 + H_\ell\right) = (0.85 \times 9800)\left(\frac{0.96^2}{2g} + 8 + 0.65\right)$

$= 72.45 \text{ kPa}$

4-24

1,2에 Bernoulli Eq.을 적용하자.

$\frac{P_1}{\gamma} + 0 = \frac{P_2}{\gamma} + \frac{V_2^2}{2g}$

$P_1 + (\gamma_{air} \times 0.09) = P_2 + (0.83 \times 9800 \times 0.09)$

$P_1 - P_2 = (0.83 \times 9800 \times 0.09) - (1.2 \times 9.8 \times 0.09) = 731.0 \text{ Pa}$

$V_2 = \sqrt{2g\left(\frac{P_1 - P_2}{\gamma}\right)} = \sqrt{2g\left(\frac{731.0}{1.2 \times 9.8}\right)} = 34.9 \text{ m/s}$

$Q = A_2 V_2 = \left(\frac{\pi}{4} \times 0.04^2\right) \times 34.9 = 0.044 \text{ m}^3/\text{s}$

4-25

$V_1 = V_2 \qquad \frac{P_1}{\gamma} + z_1 = \frac{P_2}{\gamma} + z_2 + H_\ell$

(1) Valve closed --> $H_\ell = 0$

$z_1 - z_2 = \frac{P_2 - P_1}{\gamma} = \frac{80 \times 10^3}{9800} = 8.16 \text{ m}$

(2) Valve open

$H_\ell = \frac{P_1 - P_2}{\gamma} + (z_1 - z_2) = \frac{90 \times 10^3}{9800} + 8.16 = 17.34 \text{ m}$

4-26

Oil 과 물의 경계면을 1, 관의 출구를 2라하고 1의 압력을 구하면

$P_1 = 10 + 9.8(0.8 \times 1) = 17.84 \text{ kPa}$

$$\frac{P_1}{\gamma} + \frac{V_1^2}{2g} + z_1 = \frac{P_2}{\gamma} + \frac{V_2^2}{2g} + z_2 + h_L$$

$$\frac{17.84}{9.8} + 0 + 4 = 0 + \frac{V_2^2}{2g} + 0 + 0.2$$

$V_2 = 10.5 \text{ m/s}$

$$Q = AV = \frac{\pi \times 0.03^2}{4} \times 10.5 = 7.4 \times 10^{-3} \text{ m}^3/\text{s}$$

4-27

1,2 점에 Bernoulli Eq. 을 적용하자.

$$\frac{P_1}{\gamma} + \frac{V_1^2}{2g} + z_1 = \frac{P_2}{\gamma} + \frac{V_2^2}{2g} + z_2 + H_T$$

$$H_T = \frac{P_1 - P_2}{\gamma} + \frac{V_1^2 - V_2^2}{2g} + z_1 - z_2$$

$$V_1 = \frac{Q}{A_1} = \frac{4 \times 0.22}{\pi \times 0.3^2} = 3.11 \text{ m/s} \qquad V_2 = \frac{1}{4} V_1 = 0.78 \text{ m/s}$$

$$H_T = \frac{(170 + 40) \times 10^3}{9800} + \frac{3.11^2 - 0.78^2}{2g} + 1.2 - 0 = 23.09 \text{ m}$$

$L = \eta \gamma Q H_T = 0.8 \times 9800 \times 0.22 \times 23.09 = 39.83 \text{ kW}$

4-28

1,2 점에 Bernoulli Eq. 을 적용하자.

$$\frac{P_1}{\gamma} + \frac{V_1^2}{2g} = \frac{P_2}{\gamma} + \frac{V_2^2}{2g}$$

$$V_2 = \sqrt{2g\left(\frac{P_1 - P_2}{\gamma}\right) + V_1^2} = \sqrt{2g\left(\frac{200 - 160}{9.8}\right) + 6^2} = 10.77 \text{ m/s}$$

$Q_2 = A_2 V_2 = 0.045 \times 10.77 = 0.485 \text{ m}^3/\text{s} \qquad Q_1 = Q_2 + Q_3$

$Q_3 = Q_1 - Q_2 = (0.1 \times 6) - 0.485 = 0.115 \text{ m}^3/\text{s}$

$$V_3 = \frac{Q_3}{A_3} = \frac{0.115}{0.02} = 5.75 \text{ m/s}$$

1,3 점에 Bernoulli Eq. 을 적용하자.

$$\frac{P_1}{\gamma} + \frac{V_1^2}{2g} = \frac{P_3}{\gamma} + \frac{V_3^2}{2g}$$

$$P_3 = P_1 + \gamma\left(\frac{V_1^2 - V_3^2}{2g}\right) = 200 + 9.8\left(\frac{6^2 - 5.75^2}{2 \times 9.8}\right)$$

$\therefore P_3 = 201.5 \text{ kPa}$

4-29

연속식에서 $V_2 = 4V_1$

Manometer에서

$P_1 + (9800 \times 0.075) = P_2 + (9800 \times 0.55) + (13.6 \times 9800 \times 0.075)$

$P_1 - P_2 = 14651 \text{ Pa}$

1,2 점에 Bernoulli Eq. 을 적용하자.

$$\frac{P_1}{\gamma} + \frac{V_1^2}{2g} = \frac{P_2}{\gamma} + \frac{V_2^2}{2g} + z_2 = \frac{P_2}{\gamma} + \frac{16 V_1^2}{2g} + 0.55$$

$$P_1 - P_2 = \frac{15 \rho V_1^2}{2} + (0.55 \times 9800)$$

$V_1 = 1.11 \text{ m/s}$

$$Q = A_1 V_1 = \frac{\pi}{4}(0.12^2)(1.11) = 0.013 \text{ m}^3/\text{s}$$

■ 4-30

1 점은 정체점이므로 $P_1 = P_V + P_o =$ 동압 + 정압

$$\frac{P_1}{\gamma} + 0 = \frac{P_2}{\gamma} + \frac{V_2^2}{2g}$$

$$P_1 - P_2 = \frac{\rho V^2}{2}$$

Manometer에서

$P_1 + (\gamma_w \times 0.075) = P_2 + (1.59 \times \gamma_w \times 0.075)$

동압: $P_1 - P_2 = \gamma_w (0.075 \times 1.59 - 0.075) = 433.65 \text{ Pa}$

$$433.65 = \frac{\rho V_2^2}{2} = \frac{10^3 \times V_2^2}{2} \qquad V_2 = 0.93 \text{ m/s}$$

$$\therefore \dot{m} = \rho A V = 1000 \times \left(\frac{\pi}{4} \times 0.15^2\right) \times 0.93 = 16.4 \text{ kg/s}$$

■ 4-31

$$\alpha = \frac{\int_A V^3 dA}{A\ V_{avg}^3}$$

$$Q = \int_A V dA = \int_0^R V_m \left[1 - \left(\frac{r}{R}\right)^2\right] 2\pi r dr = \frac{\pi R^2 V_{max}}{2}$$

$$V_{avg} = \frac{Q}{A} = \frac{\frac{\pi}{2} R^2 V_{max}}{\pi R^2} = \frac{V_{max}}{2}$$

$$\alpha = \frac{1}{A} \int_A \left(\frac{V}{V_{avg}}\right)^3 dA = \frac{1}{\pi R^2} \int_0^R \left[\frac{V_{max}\left\{1 - \left(\frac{r}{R}\right)^2\right\}}{\frac{V_{max}}{2}}\right]^3 2\pi r dr$$

$\therefore \alpha = 2$

■ 4-32

$$\frac{P_1}{\gamma} + \frac{V_1^2}{2g} = \frac{P_2}{\gamma} + \frac{V_2^2}{2g}$$

$$\frac{P_1 - P_2}{\gamma} = \frac{V_2^2 - V_1^2}{2g} = \frac{V_2^2 - \left(\frac{V_2^2}{81}\right)}{2g} = \frac{80\,V_2^2}{162g}$$

$$P_1 + (\gamma_w \times 0.22) = P_2 + (13.6 \times \gamma_w \times 0.22)$$

$$P_1 - P_2 = \gamma_w (13.6 \times 0.22 - 0.22)$$

$$\left(\frac{P_1 - P_2}{\gamma}\right) = 2.772 \text{ m}$$

$$V_2 = 7.42 \text{ m/s} \qquad Q = CA_2 V_2$$

$$C = \frac{Q}{A_2 V_2} = \frac{4 \times 0.052}{\pi \times 0.1^2 \times 7.42} = 0.89$$

4-33

오리피스의 단면적을 A_o 라 하면 dt 시간동안의 유량은

$$Q\,dt = A_o \sqrt{2gH}\,dt = A_2 dy_2 \qquad (1)$$

$$A_1 y_1 + A_2 y_2 = C \qquad A_1 dy_1 + A_2 dy_2 = 0 \qquad H = y_1 - y_2$$

$$dH = dy_1 - dy_2 = -\left(1 + \frac{A_2}{A_1}\right) dy_2$$

$$dy_2 = -\frac{dH}{1 + \frac{A_2}{A_1}} \qquad (2)$$

(2) 식을 (1)에 대입하면

$$A_o \sqrt{2gH}\,dt = A_2 dy_2 = -\frac{A_2 dH}{1 + \frac{A_2}{A_1}}$$

$$t = \frac{A_2}{A_o \sqrt{2g}\left(1 + \frac{A_2}{A_1}\right)} \int_{H_1}^{H_2} H^{-\frac{1}{2}}\,dH = \frac{2A_2\left(\sqrt{H_1} - \sqrt{H_2}\right)}{A_o \sqrt{2g}\left(1 + \frac{A_2}{A_1}\right)}$$

$$H_1 = 3 \text{ m}$$

우측 탱크가 1 m 상승하면 좌측 탱크는 $1 \times \frac{2.3}{2} = 1.15$ m 내려간다.

$$H_2 = 3 - 1 - 1.15 = 0.85 \text{ m}$$

$$\therefore\ t = \frac{2(2.3)\left(\sqrt{3} - \sqrt{0.85}\right)}{\left(\frac{\pi}{4} \times 0.1^2\right)\sqrt{2g}\left(1 + \frac{2.3}{2}\right)} = 49.9 \text{ sec}$$

4-34

노즐 출구에서의 속도를 구하면

$$V_2 = \sqrt{2gh} = \sqrt{2 \times 9.8 \times 14} = 16.57 \text{ m/s} \qquad V_A = V_2$$

탱크 표면과 A 에 Bernoulli Eq. 적용하면

$$0 + 0 + 12 = \frac{P_A}{\gamma} + \frac{V_A^2}{2g} + 0$$

$$P_A = \gamma\left(12 - \frac{V_A^2}{2g}\right) = 9800\left(12 - \frac{16.57^2}{2\times 9.8}\right) = -19.68 \text{ kPa}$$

4-35

(1) Method 1

$$\frac{\partial}{\partial t}\int_{cv} \rho d\widetilde{V} + \int_{cs} \rho(V \cdot n)dA = 0$$

$$\frac{\partial}{\partial t}\int_{cv} \rho d\widetilde{V} = \frac{d}{dt}(\rho A_t h) = \rho A_t \frac{dh}{dt} \qquad \int_{cs} \rho(V \cdot n)dA = \rho A_o V_o = \rho A_o \sqrt{2gh}$$

$$\rho A_t \frac{dh}{dt} + \rho A_o \sqrt{2gh} = 0 \qquad dt = \frac{A_t}{A_o\sqrt{2g}} \frac{dh}{\sqrt{h}}$$

$$t = \frac{A_t}{A_o\sqrt{2g}}\int_3^8 h^{-\frac{1}{2}} dh = 2\left[\frac{A_t}{A_o\sqrt{2g}}\sqrt{h}\right]_3^8$$

$$A_t = \frac{\pi\times 1^2}{4} = 0.785 \text{ m}^2 \qquad A_o = \frac{\pi\times 0.15^2}{4} = 0.0177 \text{ m}^2$$

$$\therefore \quad t = 2\left[\frac{0.785}{0.0177\sqrt{2\times 9.8}}\sqrt{h}\right]_3^8 = 22.0 \text{ sec}$$

(2) Method 2

$$Q = A_o\sqrt{2gh} \qquad Q = A_t\left(-\frac{dh}{dt}\right) \qquad A_o\sqrt{2gh} = A_t\left(-\frac{dh}{dt}\right)$$

$$dt = -\frac{A_t}{A_o\sqrt{2g}}\frac{dh}{\sqrt{h}}$$

$$t = -\frac{A_t}{A_o\sqrt{2g}}\int_8^3 h^{-\frac{1}{2}} dh = 2\left[\frac{A_t}{A_o\sqrt{2g}}\sqrt{h}\right]_3^8 = 22.0 \text{ sec}$$

4-36

1, 2에 Bernoulli Eq.을 적용하자.

$$\frac{P_1}{\gamma} + \frac{V_1^2}{2g} = 0 + \frac{V_2^2}{2g} \qquad V_2 = \frac{1}{9}V_1$$

$$P_1 + (13.6\times\gamma_w\times 0.22) = 0 \qquad P_1 = -29.32 \text{ kPa}$$

$$\frac{P_1}{\gamma} = \frac{V_2^2 - V_1^2}{2g} \qquad \left(1 - \frac{1}{81}\right)V_1^2 = 2g\frac{P_1}{\gamma}$$

$$V_1 = \sqrt{\frac{2g\frac{29.32}{0.9\times 9.8}}{\frac{80}{81}}} = 8.12 \text{ m/s}$$

4-37

마노메터를 이용하여 P_3 를 구하면

$P_3 = 9800(1.18 \times 13.6 - 0.18) = 155.51\ \text{kPa}$

피토관의 압력은 주변이 대기압이므로

$$P_3 = \frac{\rho V_3^2}{2} \qquad V_3 = \sqrt{\frac{2P_3}{\rho}} = \sqrt{\frac{2\times 155.51\times 10^3}{1000}} = 17.61\ \text{m/s}$$

노즐출구 2,3에 Bernoulli Eq.을 적용하자.

$$0 + \frac{V_2^2}{2g} + 5 = \frac{V_3^2}{2g} + \frac{P_3}{\gamma} = \frac{P_3}{\gamma}$$

$$V_2 = \sqrt{2g\left(\frac{P_3}{\gamma} - 5\right)} = \sqrt{2g\left(\frac{155.51\times 10^3}{9800} - 5\right)} = 14.59\ \text{m/s}$$

이론적인 V_2

$$V_{2-the} = \sqrt{2gh} = \sqrt{2\times 9.8\times 17} = 18.25\ \text{m/s}$$

$$C_V = \frac{V_2}{V_{2-the}} = \frac{14.59}{18.25} = 0.80 \qquad C_C A_2 = \acute{A}_2$$

$$\acute{A}_2 = \frac{Q}{V_2} = \frac{0.0093}{14.59} = 0.000637$$

$$C_C = \frac{\acute{A}_2}{A_2} = \frac{0.000637}{\frac{\pi}{4}\times 0.03^2} = 0.90$$

4-38

(1) 1, 3에 Bernoulli Eq. 을 적용하여 관속의 유속을 구하면

$V = \sqrt{2gH_2} = \sqrt{2\times 9.8\times 5} = 9.90\ \text{m/s}$

증기압이 4.3 kPa 이므로 $P_2 = 4.3\ \text{kPa}$

1,2에 Bernoulli Eq. 을 적용하자.

$$\frac{P_1}{\gamma} + 0 = \frac{P_2}{\gamma} + \frac{V^2}{2g} + z_2 \qquad \frac{98}{9.8} + 0 = \frac{4.3}{9.8} + \frac{(9.90)^2}{2\times 9.8} + H_1$$

$\therefore\ H_1 \le 4.56\ \text{m}$

(2) 1, 2 점에서

$$\frac{P_1}{\gamma} + 0 = \frac{P_2}{\gamma} + \frac{\left(\sqrt{2gH_2}\right)^2}{2g} + H_1 \qquad \frac{98}{9.8} + 0 = \frac{4.3}{9.8} + H_2 + 3$$

$H_2 \le 6.56\ \text{m}$

4-39

개수로의 수면 1,2에 Bernoulli Eq.을 적용하자. 마찰이 없으므로 수로 단면의 유속은 일정하고 손실이 없다.

$$0 + \frac{V_1^2}{2g} + (H+3) = 0 + \frac{V_2^2}{2g} + 1$$

$$H = \frac{V_2^2 - V_1^2}{2g} + 1 - 3 = \frac{9^2 - 3^2}{2g} - 2$$

$$= 1.67\ \text{m}$$

4-40

$$L = \frac{\gamma Q H_p}{\eta}$$

풍동입구와 출구에 Bernoulli Eq.을 적용하면

$$0 + 0 + 0 + H_p = 0 + \frac{V_2^2}{2g} + 0 \qquad H_p = \frac{50^5}{2 \times 9.8} = 127.55 \text{ m}$$

$$\therefore\ L = \frac{1}{0.85} \times (1.2 \times 9.8)\left(\frac{\pi}{4} \times 0.4^2 \times 50\right) \times 127.55$$

$$= 11.1 \text{ kW}$$

4-41

오리피스 출구의 유속을 구하면

$$V_2 = \sqrt{2gh} = \sqrt{2g \times 2.5} = 7 \text{ m/s}$$

탱크표면과 오리피스 출구에 베르누이 방정식을 적용하면

$$\frac{P_1}{\gamma} + \frac{V_1^2}{2g} + z_1 = \frac{P_2}{\gamma} + \frac{V_2^2}{2g} + z_2 + h_L$$

$$0 + 0 + H = 0 + \frac{7^2}{2g} + 0 + 0.25$$

$$H = 2.75 \text{ m}$$

4-42

그림에서 단면은 x 축에 수직인 단면이므로 미소면적 dA를 통해서 유동하는 유량은 $dq = (V \cdot n)dA$ 이다. 여기서 n은 단면에 수직한 단위벡터이므로 $n = i$ 이다.

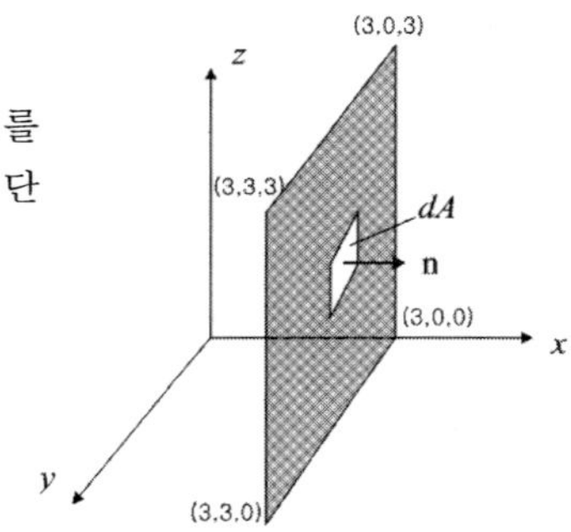

$$dq = (V \cdot n)dA = (V \cdot i)dA = u\,dA \ (\text{m}^3/\text{s}) \text{ 이다.}$$

$$Q = \int_A dq = \int_A u\,dA = \int_0^3 \int_0^3 2y\,dy\,dz = 27 \ (\text{m}^3/\text{s})$$

4-43

속도분포가 삼각형이므로 실제 유량은 원뿔의 부피와 같다.

$$Q = \frac{1}{3}\pi r^2 V_c = AV = \pi r^2 V$$

$$V = \frac{1}{3} V_c = 2 \text{ m/s}$$

4-44

연속방정식에 의해서 지름 20 cm 관에서의 유량은 5 cm 관에서의 유량과 같으므로 다음과 같이 구해진다.

$$Q = \int_A dq = \int_A u\,dA = \int_0^{0.1} u\,(2\pi r\,dr) = \int_0^{0.1} (1-100r^2)\,(2\pi r\,dr)$$

$$= \pi \int_0^{0.1} (2r - 200r^3)dr = 1.57 \times 10^{-2}\ (\mathrm{m^3/s})$$

$$Q = A_2 V_2$$

$$V_2 = \frac{Q}{A_2} = \frac{4 \times 1.57 \times 10^{-2}}{\pi \times 0.05^2} = 8\ \mathrm{m/s}$$

4-45

(1) 유선방정식을 구하자.

$$\frac{dx}{u} = \frac{dy}{v} \qquad \frac{dx}{4y} = \frac{dy}{2}$$

유선방정식: $x = y^2 + C$

$$a_x = \frac{\partial u}{\partial t} + u\frac{\partial u}{\partial x} + v\frac{\partial u}{\partial y} = 8$$

$$a_y = \frac{\partial v}{\partial t} + u\frac{\partial v}{\partial x} + v\frac{\partial v}{\partial y} = 0$$

$$a = 8i$$

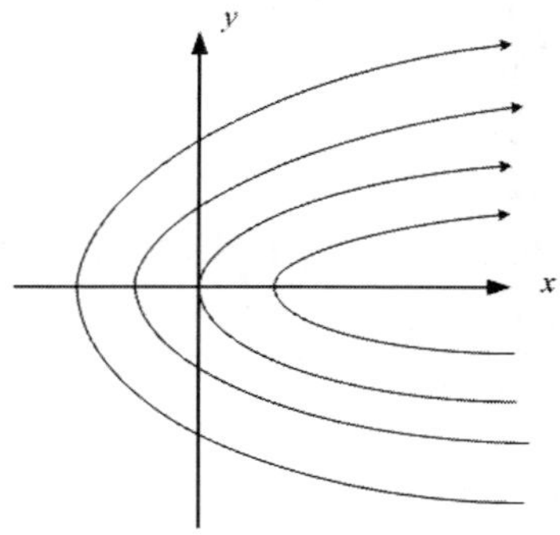

(2) 유선방정식

$$\frac{dx}{u} = \frac{dy}{v} \qquad \frac{dx}{2y} = \frac{dy}{-2x}$$

유선방정식: $x^2 + y^2 = C$

$$a_x = \frac{\partial u}{\partial t} + u\frac{\partial u}{\partial x} + v\frac{\partial u}{\partial y} = -4x$$

$$a_y = \frac{\partial v}{\partial t} + u\frac{\partial v}{\partial x} + v\frac{\partial v}{\partial y} = -4y$$

$$a = -4x\,i - 4y\,j$$

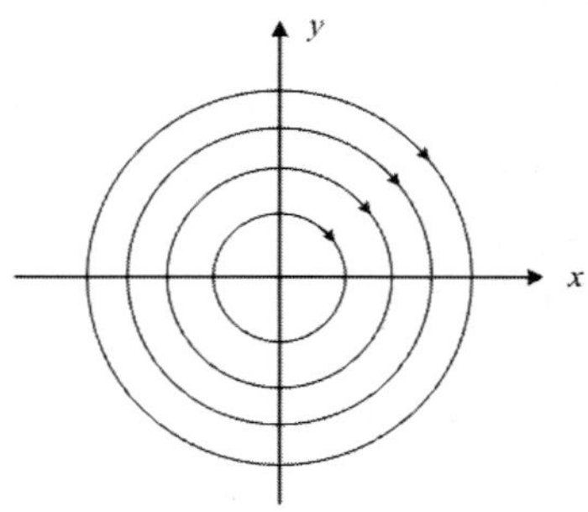

4-46

출구에서의 속도를 구하면

$$V = \sqrt{2gh} = \sqrt{2g \times 3} = 7.7\ \mathrm{m/s}$$

연속방정식을 이용하면 10 cm 반구 표면의 유량은 출구의 유량과 같으므로

$$2\pi \times 0.1^2 \times V_{10} = 7.7 \times \frac{\pi \times 0.02^2}{4}$$

$$V_{10} = 0.04\ \mathrm{m/s}$$

4-47

관속의 유속을 구하자.

$$V = \sqrt{2g \times 6} = 10.8\ \mathrm{m/s}$$

압력계가 설치된 두 점에 Bernoulli Eq.을 적용하면

$$\frac{P_A}{\gamma} + \frac{V_A^2}{2g} = \frac{P_B}{\gamma} + \frac{10.8^2}{2g} + 3 \quad P_A = P_B \text{ 이므로}$$

$$\frac{V_A^2}{2g} = 9 \qquad V_A = 13.3\ \text{m/s}$$

연속방정식을 이용하자.

$10.8 \times 5^2 = 13.3 \times D_A^2$

$D_A = 4.5\ \text{cm}$

4-48

노즐과 관에서의 유속을 구하면

$$V_1 = \frac{Q}{A_1} = \frac{4 \times 20 \times 10^{-3}}{\pi \times 0.08^2} = 3.98\ \text{m/s} \qquad V_2 = 4V_1$$

$$\frac{P_1}{\gamma} + \frac{V_1^2}{2g} = 0 + \frac{V_2^2}{2g} + 0.5 \qquad \frac{P_1}{\gamma} = \frac{15V_2^2}{2g} + 0.5 = \frac{15(3.98)^2}{2g} + 0.5 = 12.62\ \text{m}$$

$P_1 = 123.7\ \text{kPa}$

노즐 출구속도의 수직 성분은 $V_2 \sin 30 = 7.96\ \text{m/s}$

$$H = \frac{(V_2 \sin 30)^2}{2g} = 3.23\ \text{m}$$

4-49

연속방정식에서

$$\int_{c.s} \rho (V \cdot n)\, dA = \rho \left[\sum_{out} (V \cdot A) - \sum_{in} (V \cdot A) \right] = 0$$

$(V \cdot A)$는 면적과 단면에 수직방향의 속도를 곱한 값이다.

$A_1 V_1 + A_2 V_2 = A_3 V_3$

$$V_3 = \frac{1}{A_3}(A_1 u_1 + A_2 v_2) = 2.42\ \text{m/s}$$

$V_3 = V_3 \cos\theta\, i + V_3 \sin\theta\, j = 2.1 i + 1.2 j\ (\text{m/s})$

4-50

연속방정식을 적용하자.

$V_{01} A_1 = V_{02} A_2$

가속도 운동이므로

$V_{01} = V_1 + a_1 t = 2 + 5t \qquad V_{02} = V_2 + a_2 t$

$$V_{02} = \left(\frac{A_1}{A_2} \right) V_{01} = 16(2 + 5t) = 32 + 80t$$

V_2 는 $t = 0$ 에서의 속도이므로

$$V_2 = 32\ \text{m/s} \text{ 이고 } a_2 = \frac{dV_{02}}{dt} = 80\ \text{m/s}^2$$

4-51

$\int_{c.s} \rho (V \cdot n) dA = 0$ 이므로 유입되는 유량과 유출되는 유량을 구하면

측면의 임의의 위치에서 유속은 $u = 2 - \frac{10}{3}x$ 이므로

$$Q_{in} = \frac{\pi \times 0.2^2}{4} \times 2 + \int_0^{0.6} \left(2 - \frac{10}{3}x\right) \pi \times 0.2\, dx = \frac{\pi \times 0.2^2}{4} \times V = Q_{out}$$

$V = 14\ \mathrm{m/s}$

4-52

원판의 면적은 $A_t = \frac{\pi \times 0.6^2}{4} = 0.2826\ \mathrm{m}^2$

측면의 면적은 시간 t 초에서 $A_s = \pi \times 0.6(0.3 - V_1 t) = 1.884(0.3 - 0.2t)$

$A_t V_1 = A_s V_2 \qquad 0.2826 \times 0.2 = 1.884(0.3 - 0.2t) V_2$

$$V_2 = \frac{0.05652}{1.884(0.3 - 0.2t)} = 0.3\ \mathrm{m/s}$$

4-53

$$\rho_{air} = \frac{P}{RT} = \frac{101}{0.287 \times 293} = 1.2\ \mathrm{kg/m^3}$$

분사노즐 내부를 1, 노즐밖 먼 거리를 2로하여 베르누이 방정식을 적용하면

$$\frac{P_1}{\gamma_{air}} + \frac{V_1^2}{2g} = \frac{P_2}{\gamma_{air}} + \frac{V_2^2}{2g}$$

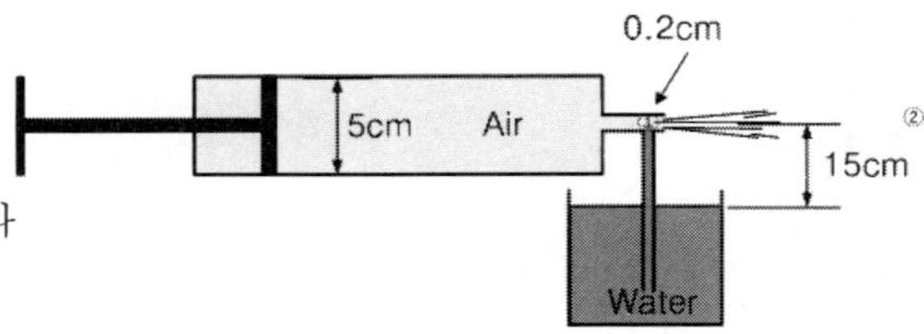

$P_2 = P_{atm}$, $V_2 \approx 0$

이며 노즐에서 탱크까지의 높이를 h라 하면

$P_1 + \gamma_w h = P_{atm} = P_2$ 이므로

$$V_1 = \sqrt{2g\left(\frac{P_2 - P_1}{\gamma_{air}}\right)} = \sqrt{2g\left(\frac{\gamma_w h}{\gamma_{air}}\right)} = \sqrt{2g\left(\frac{\rho_w \times g \times 0.15}{\rho_{air} \times g}\right)} = 49.5\ \mathrm{m/s}$$

연속방정식에 의해서

$$V = \frac{A_1}{A} V_1 = \left(\frac{d_1}{d}\right)^2 V_1 = \left(\frac{0.2}{5}\right)^2 49.5 = 0.08\ \mathrm{m/s}$$

4-54

탱크 표면과 물줄기 끝에 베르누이 방정식을 적용하자.

$$\frac{P_1}{\gamma} + \frac{V_1^2}{2g} + z_1 + h_p = \frac{P_2}{\gamma} + \frac{V_2^2}{2g} + z_2 + h_L$$

$P_1 = P_2 = P_{atm}$, $V_1 = V_2 \approx 0$

$h_p = z_2 - z_1 + h_L = 6 + 1.5 = 7.5\ \mathrm{m}$

4-55

펌프에 사용되는 동력은

$L_p = 4 \times 0.8 = 3.2\ \mathrm{kW}$

지하탱크의 수면과 옥상탱크의 수면에 베르누이 방정식을 적용하면

$$\frac{P_1}{\gamma}+\frac{V_1^2}{2g}+z_1+h_p=\frac{P_2}{\gamma}+\frac{V_2^2}{2g}+z_2$$

$h_p = z_2 - z_1 = 10\text{ m}$

$L_p = \gamma Q h_p$

$$Q=\frac{L_p}{\gamma h_p}=\frac{3.2}{9.8\times 10}=0.033\text{ m}^3/\text{s}$$

4-56

1) 정체점은 $u=0, v=0$ 되는 점이므로 연립하여 풀면

(-1.33, 0.67)

2) 가속도는

$$a_x = \frac{\partial u}{\partial t}+u\frac{\partial u}{\partial x}+v\frac{\partial u}{\partial y}+w\frac{\partial u}{\partial z}=0+(2+2.5x+2y)(2.5)+(-1-2x-2.5y)(2)+(0)(0)$$

$$=3+2.25x$$

$$a_y = \frac{\partial v}{\partial t}+u\frac{\partial v}{\partial x}+v\frac{\partial v}{\partial y}+w\frac{\partial v}{\partial z}=0+(2+2.5x+2y)(-2)+(-1-2x-2.5y)(-2.5)+(0)(0)$$

$$=-1.5+2.25y$$

$a=(3+2.25x)i+(-1.5+2.25y)j$

$a=7.5i+5.75j$

4-57

유선방정식을 구하자.

$$\frac{dx}{u}=\frac{dy}{v} \qquad \frac{dx}{4y+6}=\frac{dy}{2}$$

$dx=(2y+3)dy$

유선방정식: $x=y^2+3y+C$

$$a_x=\frac{\partial u}{\partial t}+u\frac{\partial u}{\partial x}+v\frac{\partial u}{\partial y}=8$$

$$a_y=\frac{\partial v}{\partial t}+u\frac{\partial v}{\partial x}+v\frac{\partial v}{\partial y}=0$$

$a=8i$

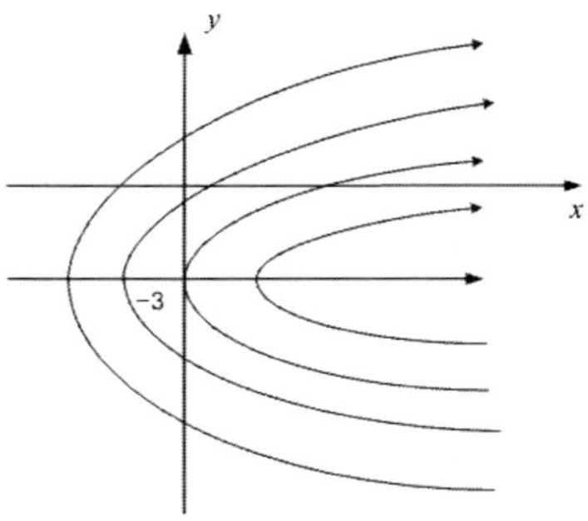

4-58

먼저 B에서의 속도를 구하면

$V_B=\sqrt{2gH}=14\text{ m/s}$

$V_A A_A = V_B A_B$

$$V_A=\left(\frac{D_B}{D_A}\right)^2 V_B=\left(\frac{4}{10}\right)^2 14=2.24\text{ m/s}$$

A, B에 Bernoulli Eq.을 적용하자.

$$\frac{P_A}{\gamma}+\frac{V_A^2}{2g}+Z_A=0+\frac{V_B^2}{2g}+Z_B$$

$Z_A=10,\ Z_B=0$ 이므로

$$P_A = \gamma\left(\frac{V_B^2 - V_A^2}{2g} - Z_A\right) = 9800\left(\frac{14^2 - 2.24^2}{2g} - 10\right) = -2.51\ \text{kPa}$$

4-59

연속방정식에서

$$\rho_1 A_1 V_1 = \rho_2 A_2 V_2$$

$$\rho = \frac{P}{RT} \quad \rho_1 = \frac{101}{0.287 \times 293} = 1.20\ \text{kg/m}^3$$

$$\rho_2 = \frac{101}{0.287 \times 333} = 1.06\ \text{kg/m}^3$$

$$V_2 = \frac{\rho_1}{\rho_2} V_1 = 5.66\ \text{m/s}$$

제 5 장

5-1

운동량 차원은 $mV = MLT^{-1}$
단위는 kgm/s

5-2

(1) $V_1 = V_2 = \dfrac{Q}{A} = \dfrac{4 \times 0.88}{\pi \times 0.3^2} = 12.46 \text{ m/s}$

$P_1 = P_2 = 250 \text{ kPa}$

$P_1 A_1 - P_2 A_2 \cos\theta - R_x = Q\rho(V_2 \cos\theta - V_1)$ $\quad P_2 A_2 \cos\theta = 0 \quad V_2 \cos\theta = 0$

$R_x = P_1 A_1 + Q\rho V_1$

$= \left(250 \times \dfrac{\pi}{4} 0.3^2\right) + (0.88 \times 0.85 \times 12.46) = 26.98 \text{ kN}$

$-P_2 A_2 \sin\theta - W + R_y = Q\rho(V_2 \sin\theta - 0)$ $\quad W = 0$

$R_y = P_2 A_2 \sin\theta + Q\rho V_2 \sin\theta$

$= \left(250 \times \dfrac{\pi}{4} \times 0.3^2\right) + (0.88 \times 0.85 \times 12.46) = 26.98 \text{ kN}$

$R = \sqrt{26.98^2 + 26.98^2} = 38.16 \text{ kN}$

$\tan\theta = \dfrac{26.98}{26.98} = 1$

$\therefore \theta = 45°$

(2) $P_2 = P_1 - \gamma_{oil} H_\ell = 250 - (1.2 \times 0.85 \times 9.8) = 240 \text{ kPa}$

$R_x = 26.98 \text{ kN}$

$R_y = (240 \times \dfrac{\pi}{4} \times 0.3^2) + (0.88 \times 0.85 \times 12.46) = 26.28 \text{ kN}$

$\tan\theta = \dfrac{R_y}{R_x} = \dfrac{26.28}{26.98}$ $\quad \theta = 44.25°$

$R = \sqrt{26.98^2 + 26.28^2} = 37.66 \text{ kN}$

5-3

x 방향으로 작용하는 힘을 구하자.

$P_1 A_1 - P_2 A_2 - R_x = Q\rho(V_2 - V_1)$ $\quad P_2 A_2 = 0$

$R_x = P_1 A_1 - Q\rho(V_2 - V_1)$

$V_2 = V_1 \dfrac{A_1}{A_2} = V_1 \left(\dfrac{d_1}{d_2}\right)^2 = 5 \times \left(\dfrac{10}{4}\right)^2 = 31.25 \text{ m/s}$

$R_x = (150)\left(\dfrac{\pi}{4} \times 0.1^2\right) - \left(\dfrac{\pi}{4} \times 0.1^2\right) \times 5 \times 1 (31.25 - 5) = 0.1472 \text{ kN}$

1개의 Bolt에 대해서는

$F = \dfrac{147.2}{4} = 36.8 \text{ N}$

5-4

$$V_2 = V_1 \frac{A_1}{A_2} = V_1 \left(\frac{d_1}{d_2}\right)^2 = 20 \times \left(\frac{50}{120}\right)^2 = 3.47 \text{ m/s}$$

$$\frac{P_1}{\gamma} + \frac{V_1^2}{2g} = \frac{P_2}{\gamma} + \frac{V_2^2}{2g}$$

$$P_2 = P_1 + \gamma\left(\frac{V_1^2 - V_2^2}{2g}\right) = 75 + (0.9 \times 9.8)\left(\frac{20^2 - 3.47^2}{2 \times 9.8}\right) = 249.58 \text{ kPa}$$

$$P_1 A_1 + P_2 A_2 \cos 60 - R_x = Q\rho(-V_2 \cos 60 - V_1)$$

$$R_x = \left(75 \times \frac{\pi}{4} \times 0.05^2\right) + \left(249.58 \times \frac{\pi}{4} \times 0.12^2 \cos 60\right)$$

$$+ \left[\frac{\pi}{4} \times 0.05^2 \times 20 \times 0.9(3.47 \cos 60 + 20)\right] = 2.326 \text{ kN}$$

$$-P_2 A_2 \sin 60 + R_y = Q\rho(V_2 \sin 60)$$

$$R_y = \left(249.58 \times \frac{\pi}{4} \times 0.12^2 \times \sin 60\right) + \left(\frac{\pi}{4} \times 0.05^2 \times 20 \times 0.9 \times 3.47 \sin 60\right) = 2.549 \text{ kN}$$

$$R = \sqrt{R_x^2 + R_y^2} = 3.45 \text{ kN}$$

$$\alpha = \arctan\left(\frac{R_y}{R_x}\right) = 47.6^\circ$$

5-5

$V_1 = 3.47$ m/s $P_1 = 249.58$ kPa (4번 문제 참조)

$$P_1 A_1 + P_2 A_2 \cos 60 - R_x = Q\rho(-V_2 \cos 60 - V_1)$$

$$R_x = \left(249.58 \times \frac{\pi}{4} \times 0.12^2\right) + \left(75 \times \frac{\pi}{4} \times 0.05^2 \cos 60\right)$$

$$+ \left[\frac{\pi}{4} \times 0.05^2 \times 20 \times 0.9(20 \cos 60 + 3.47)\right] = 3.370 \text{ kN}$$

$$-P_2 A_2 \sin 60 + R_y = Q\rho(V_2 \sin 60)$$

$$R_y = \left(\frac{\pi}{4} \times 0.05^2 \times 75 \sin 60\right) + \left(\frac{\pi}{4} \times 0.05^2 \times 20 \times 0.9 \times 20 \sin 60\right) = 0.739 \text{ kN}$$

$$R = \sqrt{3.370^2 + 0.739^2} = 3.450 \text{ kN}$$

$$\alpha = \arctan\left(\frac{0.739}{3.370}\right) = 12.4^\circ$$

※ 힘의 크기는 갖지만 작용방향은 다르다.

5-6

$V_1 = V_2$

마찰력이 R 이라면

$$\sum F = P_1 A_1 - P_2 A_2 - R = Q\rho(V_2 - V_1) = 0$$

$$R = P_1 A_1 - P_2 A_2 = \left(\frac{\pi}{4} \times 0.55^2\right)(50 - 20) = 7.12 \text{ kN}$$

$\pi DL\tau = R$

$\therefore \tau = \dfrac{R}{\pi DL} = \dfrac{7.12}{\pi \times 0.55 \times 50} = 82.5\ \mathrm{N/m^2}$

5-7

프랜지 단면을 1, 노즐 출구를 2라 하면

$V_1 = \dfrac{Q}{A} = \dfrac{4\times 0.04}{\pi \times 0.15^2} = 2.26\ \mathrm{m/s} \qquad V_2 = \left(\dfrac{d_1}{d_2}\right)^2 V_1 = \left(\dfrac{15}{5}\right)^2 (2.26) = 20.34\ \mathrm{m/s}$

$\dfrac{P_1}{\gamma} + \dfrac{V_1^2}{2g} = 0 + \dfrac{V_2^2}{2g}$

$P_1 = (0.85\times 9800)\left(\dfrac{20.34^2 - 2.26^2}{2g}\right) = 173.66\ \mathrm{kPa}$

$P_1A_1 - P_2A_2\cos 180 - R_x = Q\rho(V_2\cos 180 - V_1)$

$R_x = \left(173.66\times\dfrac{\pi}{4}\times 0.15^2\right) - 0 + (0.04\times 0.85)(20.34 + 2.26) = 3.83\ \mathrm{kN}$

5-8

수축계수 0.8 이므로 실제 오리피스의 단면적은

$A_c = A_o \times 0.8 = \dfrac{\pi}{4}\times 0.2^2 \times 0.8 = 0.025\ \mathrm{m^2}$

$A_1V_1 = A_cV_2 \qquad V_2 = \dfrac{A_1}{A_c}V_1 = \dfrac{0.126}{0.025}V_1 = 5.04\ V_1$

$\dfrac{P_1}{\gamma} + \dfrac{V_1^2}{2g} = 0 + \dfrac{V_2^2}{2g}$

$V_1 = 5.73\ \mathrm{m/s} \qquad V_2 = 28.86\ \mathrm{m/s}$

$A_1 = \dfrac{\pi}{4}\times 0.4^2 = 0.126\ m^2$

$P_1A_1 - P_2A_c - R = Q\rho(V_2 - V_1) \qquad P_2A_c = 0$

$R = P_1A_1 - Q\rho(V_2 - V_1)$

$\quad = (400\times 0.126) - (0.126\times 5.73)\times 1\times(28.86 - 5.73) = 33.70\ \mathrm{kN}$

5-9

$A_1 = \dfrac{\pi}{4}\times 0.5^2 = 0.196\ m^2 \qquad A_2 = A_1 - \dfrac{\pi}{4}\times 0.4^2 = 0.070\ m^2$

$\dfrac{P_1}{\gamma} + \dfrac{V_1^2}{2g} = 0 + \dfrac{V_2^2}{2g}$

$V_1 = \dfrac{Q}{A_1} = \dfrac{0.6}{0.196} = 3.06\ \mathrm{m/s} \qquad V_2 = \dfrac{Q}{A_2} = \dfrac{0.6}{0.070} = 8.57\ \mathrm{m/s}$

$P_1 = \gamma\left(\dfrac{V_2^2 - V_1^2}{2g}\right) = 9800\left(\dfrac{8.57^2 - 3.06^2}{2g}\right) = 32.04\ \mathrm{kPa}$

$P_1A_1 - R = Q\rho(V_2 - V_1)$

$R = P_1A_1 - Q\rho(V_2 - V_1)$

$= (32.04 \times 0.196) - (0.6 \times 1) \times (8.57 - 3.06) = 2.97$ kN

5-10

$A_1 = A_2 = \frac{\pi}{4} \times 0.8^2 = 0.502\ m^2$

$V_1 = V_2 = 3.98$ m/s $\quad P_1 = 35$ kPa

$\frac{P_1}{\gamma} + \frac{V_1^2}{2g} + z_1 = \frac{P_2}{\gamma} + \frac{V_2^2}{2g} + z_2 \quad z_1 = 0 \quad z_2 = 1.2 + 0.4 = 1.6$ m

$P_2 = P_1 + \gamma(-z_2) = 35 - (1.6 \times 9.8) = 19.32$ kPa

$\sum F_x = 0 - R_x - P_2A_2 = Q\rho(V_2 - 0)$

$R_x = -P_2A_2 - Q\rho V_2 = -(19.32 \times 0.502) - (2 \times 1 \times 3.98) = -17.66$ kN

작용방향은 $+x$ 방향이다.

$\sum F_y = P_1A_1 - W + R_y = Q\rho(-V_1) \quad W = 0$

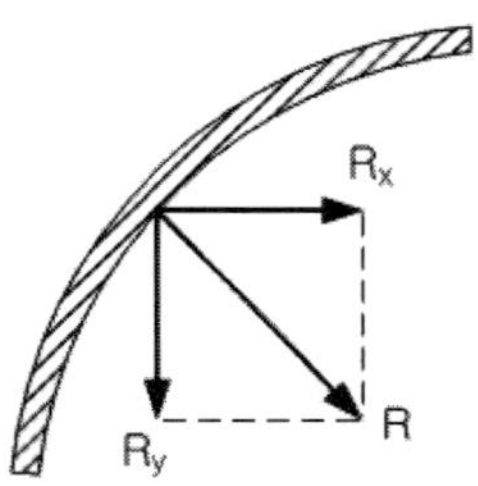

$R_y = -P_1A_1 - Q\rho V_1 = -(35 \times 0.502) - (2 \times 1 \times 3.98)$

$= -25.53$ kN (반대 방향)

$R = \sqrt{R_x^2 + R_y^2} = \sqrt{17.66^2 + 25.53^2} = 31.04$ kN

$\alpha = \arctan\left(\frac{25.53}{17.66}\right) = 55.3°$

5-11

$Q_1 = Q_2 + Q_3 \quad A_1 = 0.07\ m^2 \quad A_2 = 0.018\ m^2$

$Q_1 = A_1V_1 = \frac{\pi}{4} \times 0.3^2 \times 5 = 0.354\ m^3/s$

$Q_2 = Q_2 = 0.177\ m^3/s$

$V_2 = V_3 = \frac{Q_2}{A_2} = 9.83$ m/s

$\frac{P_1}{\gamma} + \frac{V_1^2}{2g} = \frac{P_2}{\gamma} + \frac{V_2^2}{2g} \quad \frac{140}{9.8} + \frac{5^2}{2 \times 9.8} = \frac{P_2}{9.8} + \frac{9.83^2}{2 \times 9.8}$

$P_2 = P_3 = 104.19$ kPa

$\sum F_x = P_1A_1 - R_x = Q_2\rho V_2 \cos 90 + Q_3\rho V_3 \cos 90 - Q_1\rho V_1$

$R_x = P_1A_1 + Q_1\rho V_1 = (140 \times 0.07) + (0.354 \times 1 \times 5) = 11.57$ kN

$\sum F_y = -P_2A_2 + P_3A_3 + R_y = Q_2\rho V_2 \sin 90 + Q_3\rho V_3 \sin 270$

$= Q_2\rho V_2 - Q_3\rho V_3$

$R_y = Q_2\rho V_2 - Q_3\rho V_3 = 0$

$\therefore R_x$ 만 존재한다.

5-12

$A_1 V_1 = A_2 V_2 + A_3 V_3 \qquad \left(\frac{\pi}{4}\times 0.15^2\right) V_1 = \left(\frac{\pi}{4}\times 0.07^2 + \frac{\pi}{4}\times 0.1^2\right)\times 10$

$V_1 = 6.62 \text{ m/s}$

$Q_1 = A_1 V_1 = 0.117 \text{ m}^3/\text{s} \qquad Q_2 = A_2 V_2 = 0.038 \text{ m}^3/\text{s} \qquad Q_3 = 0.079 \text{ m}^3/\text{s}$

1,2에 Bernoulli Eq.을 적용하자.

$\frac{P_1}{\gamma} + \frac{V_1^2}{2g} = 0 + \frac{V_2^2}{2g} \qquad P_1 = 28.09 \text{ kPa} \qquad P_1 A_1 = 496.1 \text{ N}$

$\sum F_x = P_1 A_1 - R_x = (Q_2 \rho V_{2x} + Q_3 \rho V_{3x}) - Q_1 \rho V_{1x}$

$496.1 - R_x = (0.038\times 10^3 \times 10\cos 30) + (0.079\times 10^3\times 10\cos 20) - (0.117\times 10^3\times 6.62)$

$R_x = 199.19 \text{ N}$

$\sum F_y = R_y = (Q_2 \rho V_{2y} + Q_3 \rho V_{3y}) - Q_1 \rho V_{1y}$

$V_{2y} = V_2 \sin 30 = 5 \text{ m/s} \qquad V_{3y} = V_3 \sin 340 = -3.42 \text{ m/s} \qquad V_{1y} = 0$

$R_y = (0.038\times 10^3\times 5) - (0.079\times 10^3\times 3.42) = -80.18 \text{ N}$ (가정한 방향의 반대)

5-13

대기압하에서 흡입하고 대기 중으로 배출하므로

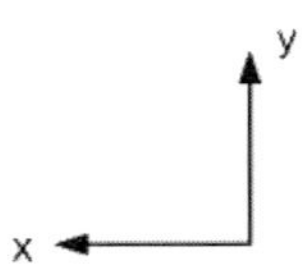

$Q_1 = \left(\frac{\pi}{4}\times 0.7^2\right)\times 4 = 1.539 \text{ m}^3/\text{s}$

$R_x = Q\rho(V_{2x} - V_{1x}) = (1.539\times 1.2)(5\cos 60 - 4) = -2.77 \text{ N}$

(오른쪽 방향으로 작용한다)

$R_y = Q\rho(V_{2y} - V_{1y}) = (1.539\times 1.2)(-5\sin 60 - 0) = -8.0 \text{ N}$

(아래 방향으로 작용한다)

$R = \sqrt{R_x^2 + R_y^2} = \sqrt{(-2.77)^2 + (-8.0)^2} = 8.5 \text{ N}$

$\alpha = \arctan\left(\frac{8.0}{2.77}\right) = 70.9^\circ$

5-14

$F = Q\rho(V_2 - V_1) = A V_1 \rho(-V_1) = \left(\frac{\pi}{4}\times 0.06^2\times 0.85\times 10^3\right) V_1^2 = 500 \text{ N}$

$V_1 = 14.4 \text{ m/s}$

5-15

$P = \frac{\rho V_1^2}{2}$ (노즐 출구와 평판 표면에 Bernoulli Eq.을 적용하면)

$550\times 10^3 = \frac{1}{2}\times 10^3\times V_1^2 \qquad V_1 = 33.17 \text{ m/s}$

분류가 작용하는 힘

$F_x = Q\rho(V_{2x} - V_{1x}) \qquad V_{2x} = 0$

$F_x = Q\rho(-V_{1x}) = 50\times10^{-3}\times10^3\times33.17 = 1.66$ kN

5-16

$-F = Q\rho(V_{2x} - V_{1x})$ $\quad V_{2x} = V\cos30$ $\quad V_{1x} = V$

$F = Q\rho V(1-\cos30) = 100\times10^{-3}\times10^3\times20(1-\cos30) = 267.9$ N

5-17

$-F = Q\rho(V_{2x} - V_{1x})$

$V_{2x} = -V\cos60$ $\quad V_{1x} = V\cos45$

$F = Q\rho V(\cos60 + \cos45) = A\rho V^2(\cos60 + \cos45)$

$$= \left(\frac{\pi}{4}\times0.08^2\times10^3\times13^2\right)(\cos60 + \cos45) = 1.025 \text{ kN}$$

5-18

수평방향의 힘만 존재한다.

(1) 펌프가 없는 경우

$F = Q\rho V \qquad 680 = \frac{\pi}{4}\times0.15^2\times10^3\times V^2$

$V = 6.20$ m/s

$H_1 = \frac{V^2}{2g} = 1.96$ m (수두)

(2) 펌프가 존재할 경우

$F = Q\rho V \qquad 2300 = \frac{\pi}{4}\times0.15^2\times10^3\times V^2$

$V = 11.41$ m/s

$H_2 = \frac{V^2}{2g} = 6.64$ m

$H_p = H_2 - H_1 = 4.68$ m

$L = \gamma Q H_p = 9800\times\frac{\pi}{4}\times0.15^2\times11.41\times4.68 = 9.24$ kW

5-19

스프링을 압축하는 힘은 x 방향이므로

$R_x = Q\rho(V_{2x} - V_{1x})$ $\quad V_{2x} = -V\cos60 = -25$ m/s $\quad V_{1x} = 50$ m/s

$R_x = \frac{\pi}{4}\times0.1^2\times50\times4.17(-25-50) = -122.75$ N

Hook 법칙 $F_x = -k\Delta x$

$$\Delta x = \frac{F_x}{-k} = \frac{-122.75}{-1800} = 0.068 \text{ m} = 68 \text{ mm}$$

5-20

첫 번째 탱크에서 배출되는 물의 속도를 V_1 이라 하면

$$V_1 = \sqrt{2g\left(2 + \frac{50 \times 10^3}{9800}\right)} = 11.80 \text{ m/s}$$

밑의 탱크에 유입되는 속도 V_2는

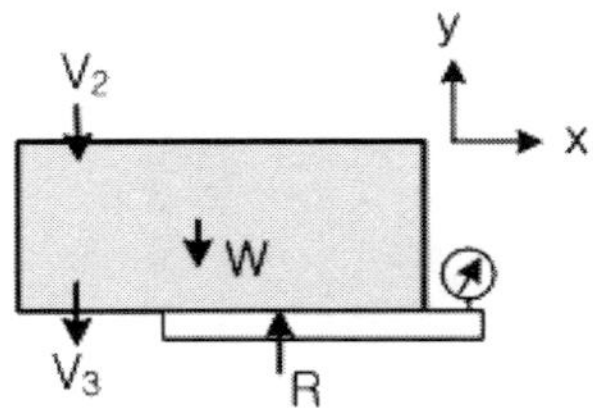

$$\frac{V_1^2}{2g} + 5 = \frac{V_2^2}{2g} \qquad V_2^2 = V_1^2 + (2g \times 5) = 237.24$$

$$V_2 = 15.40 \text{ m/s}$$

아래 탱크에서 유출되는 속도는

$$V_3 = \sqrt{2g \times 1.5} = 5.42 \text{ m/s}$$

$$\sum F_y = R - W = Q\rho(V_3 - V_2)$$

$$R = W + Q\rho(V_3 - V_2) = 400 + (0.015 \times 10^3)[-5.42 - (-15.40)]$$

$$= 549.7 \text{ N}$$

5-21

날개에 대한 분류의 상대속도는

$$V - u = 50 - 12 = 38 \text{ m/s}$$

$$Q = A(V - u) = 0.003 \times 38 = 0.114 \text{ m}^3\text{/s}$$

$$-F_x = Q\rho(V_{2x} - V_{1x}) = Q\rho[(V-u)\cos\theta - (V-u)]$$

$$= (0.114)(10^3)(38\cos\theta - 38) = 4332(\cos\theta - 1)$$

$$L = F_x u$$

$$78000 = 4332(1 - \cos\theta) \times 12 \qquad \cos\theta = -0.50$$

$$\therefore \ \theta = 120^\circ$$

5-22

$$F_x = Q_r \rho v_r (1 - \cos\theta) \qquad Q = AV \quad A = \frac{Q}{V}$$

$$Q_r = A(V+u) = \frac{Q}{V}(V+u) \qquad v_r = V + u$$

$$F_r = \frac{Q}{V}\rho(V+u)^2(1 - \cos\theta) = \left(\frac{0.015}{6}\right)(10^3)(6+5)^2(1 - \cos 30)$$

$$= 40.53 \text{ N}$$

5-23

상대속도 $v_r = V + u = 40 + 8 = 48 \text{ m/s}$

$$Q_r = Av_r = 5 \times 10^{-3} \times 48 = 0.24 \text{ m}^3\text{/s}$$

$$-F_x = Q_r\rho(v_{r2x} - v_{r1x}) = 0.24 \times 10^3(48\cos 60 - 48)$$

$$F_x = 5.76 \text{ kN}$$

$$F_y = Q_r\rho(v_{r2y} - v_{r1y}) = 0.24 \times 10^3(48\sin 60 - 0) = 9.98 \text{ kN}$$

$$F = \sqrt{F_x^2 + F_y^2} = \sqrt{5.76^2 + 9.98^2} = 11.52 \text{ kN}$$

5-24

평판에 분사되는 분류속도 $V_1 = \sqrt{2g(5+3)} = 12.52$ m/s

$F_y = Q_r \rho (v_{r2y} - v_{r1y})$

$v_{r2y} = 0 \qquad v_{r1y} = V_1 + 3 = -15.52$ m/s

$Q_r = A(V_1 + 3) = 0.004 \times 15.52 = 0.062$ m^3/s

$F_y = (0.062 \times 10^3)(0 + 15.52) = 963.48$ N

$L = F_y u = 963.48 \times 3 = 2.89$ kW

5-25

연속날개 이므로 $Q = \dfrac{\pi}{4} \times 0.08^2 \times 50 = 0.251$ m^3/s

$u = r\omega = 0.5 \times 40 = 20$ m/s

$L = Fu = Q\rho u(V-u)(1-\cos 90) = 0.251 \times 10^3 \times 20(50-20) = 150.6$ kW

최대 동력은 예제5.3.13에서 $u = \dfrac{V}{2}$ 이므로

$u_{max} = \dfrac{50}{2} = 25$ m/s

$\omega_{max} = \dfrac{u}{r} = \dfrac{25}{0.5} = 50$ rad/s (477.7 rpm)

5-26

노즐에서 분사되는 분류속도 $V = \dfrac{Q}{A} = \dfrac{0.02}{20 \times 10^{-4}} = 10$ m/s

날개에 충돌하는 분류속도 V_1은

$\dfrac{V_1^2}{2g} = \dfrac{V^2}{2g} + 4 = \dfrac{10^2}{2g} + 4 \qquad V_1 = 13.36$ m/s

$\omega = \dfrac{2\pi N}{60} = \dfrac{2\pi \times 70}{60} = 7.33$ rad/s

$u = R\omega = 0.6 \times 7.33 = 4.40$ m/s

$F_y = Q\rho(V_1 - u) = 0.02 \times 10^3 (13.36 - 4.40) = 179.2$ N

$L = F_y u = 179.2 \times 4.40 = 788.48$ W

5-27

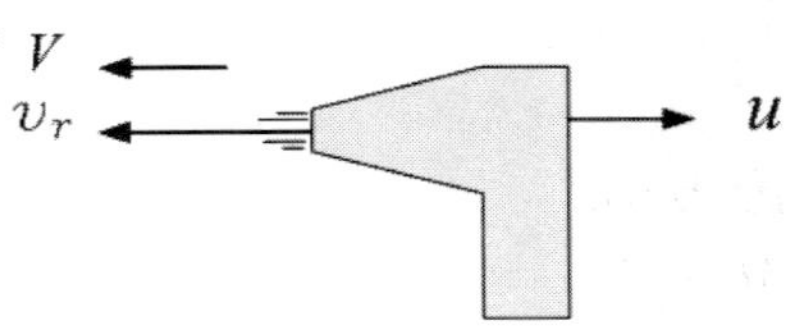

펌프의 이론을 이용하자. 스프링클러가 회전시의 유량이므로 노즐 출구의 속도는

$v_r = \dfrac{Q}{A} = \dfrac{8 \times 10^{-3}}{7 \times 10^{-4}} = 11.43$ m/s

벡타선도에서 상대속도는 절대속도와 물체의 이동속도의 합이므로

$V_{2t} = v_r - u = 11.43 - r_2\omega$

$T = Q\rho(r_2 V_{2t} - r_1 V_{1t}) \times 4 = 4Q\rho r_2 V_{2t} = 4Q\rho r_2(v_r - r_2\omega) = 4Q\rho r_2(11.43 - r_2\omega)$

(1) 멈추면 각속도가 $\omega = 0$이므로

$T = 4Q\rho r_2(v_r - r_2\omega) = 4\times 0.008\times 10^3\times 0.8\times 11.43 = 292.6\ \text{N}\cdot\text{m}$

(2) $T=0$ 일 경우의 각속도이므로

$11.43 - r_2\omega = 0$

$\omega = \dfrac{11.43}{0.8} = 14.3\ \text{rad/s}\ \ (136.5\ \text{rpm})$

(3) 제동토크 $T = 100\ \text{N}\cdot\text{m}$ 이므로

$T = 4Q\rho r_2(v_r - r_2\omega)$ $\quad 100 = 4\times 0.008\times 10^3\times 0.8(11.43 - 0.8\omega)$

$0.8\omega = 7.52$

$\omega = 9.4\ \text{rad/s}\ (89.9\ \text{rpm})$

5-28

$Q = AV = \left(\dfrac{\pi}{4}\times 0.3^2\right)(15) = 1.06\ \text{m}^3/\text{s}$

바람의 속도를 수두로 환산하면

$H = \dfrac{V^2}{2g} = \dfrac{15^2}{2\times 9.8} = 11.48\ \text{m}$

$L = \gamma QH = (1.2\times 9.8)(1.06)(11.48) = 143.1\ \text{W}$

5-29

풍차의 축방향의 힘은 풍차 전후의 압력차에 의한 것으로

$F = A(P_1 - P_2) = \left(\dfrac{\pi\times 0.5^2}{4}\right)[240 - (-190)] = 84.4\ \text{N}$

$V = \dfrac{Q}{A} = \dfrac{4\times 4}{\pi\times 0.5^2} = 20.4\ \text{m/s}$

$L = FV = 84.4\times 20.4 = 1.72\ \text{kW}$

5-30

프로펠러에 유입되는 물의 속도는

$V_1 = 10 - 2 = 8\ \text{m/s}$

$F_{th} = Q\rho(V_2 - V_1) = 2.8\times 10^3(18 - 8) = 28\ \text{kN}$

5-31

$F_{th} = Q\rho(V_2 - V_1)$ $\quad 6800 = 225(V_2 - 200)$

$V_2 = 230.2\ \text{m/s}$

5-32

$M_a = Q_a\rho_a = 25\ \text{kg/s}$ $\quad F_{th} = M_a(V_2 - V_1) + M_a\alpha V_2$

$M_a\alpha = \dfrac{25}{20} = 1.25\ \text{kg/s}$

$\therefore\ F_{th} = 25(695 - 230) + (1.25\times 695) = 12.49\ \text{kN}$

5-33

$L = F_{th} V_{rocket}$

$F_{th} = Q\rho V = 68 \times 1060 = 72080$ N

$1.86 \times 10^6 = 72080 \times V$

$\therefore \; V = 25.8$ m/s

5-34

$R = \dfrac{Ru}{M} = \dfrac{8314}{26} = 319.77$ J/kg • K $\qquad Q\rho = \dot{m} = \dot{m}_f + \dot{m}_o = 3 + 15 = 18$ kg/s

$$\dot{m} = \rho_2 V_2 A_2 = \frac{P_2}{R T_2} V_2 A_2$$

$$V_2 = \frac{\dot{m} R T_2}{P_2 A_2} = \frac{(18)(319.77)(273+530)}{(100\times 10^3)\left(\frac{\pi}{4}0.15^2\right)} = 2616.82 \text{ m/s}$$

추진력은

$F = \dot{m} V_2 = 18 \times 2616.82 = 47102.76$ N

마찰력은 없으므로

$$\frac{dV}{dt} = \frac{F - R}{M_R} - g = \frac{F}{M_R} - g$$

$$M_R = M_{Ro} - \dot{m} t$$

$$V = \frac{F}{\dot{m}} \ln\left(\frac{M_{Ro}}{M_{Ro} - \dot{m} t}\right) - gt = \left(\frac{47102.76}{18}\right)\ln\left(\frac{3000}{3000 - (18\times 60)}\right) - (9.8\times 60)$$

$$= 579.9 \text{ m/s}$$

5-35

우주 공간에서는 중력과 마찰항력의 작용이 없으므로

$$\frac{dV}{dt} = \frac{F}{M_R} = \frac{\dot{m} V_2}{M_{Ro} - \dot{m} t}$$

$$\int_{V_{final}}^{V_{ini}} dV = \dot{m} V_2 \int_0^t \frac{dt}{M_{Ro} - \dot{m} t}$$

$$V_{ini} - V_{final} = V_2 \ln\left(\frac{M_{Ro}}{M_{Ro} - \dot{m} t}\right)$$

$9.2 - 9.0 = 1.4 \ln\left(\dfrac{1600}{1600 - 9t}\right) \qquad t = 23.7\,\text{sec}$

$\therefore\; m = \dot{m} t = 9 \times 23.7 = 213.3$ kg

5-36

$T = Q\rho(V_{t2} r_2 - V_{t1} r_1) \qquad r_1 = 0, \;\; r_2 = 0.5$ m

$$v_2 = \sqrt{2gH} = \sqrt{2g\frac{P}{\gamma}} = \sqrt{2\times 9.8 \times \frac{300000}{9800}}$$

$= 24.50$ m/s (90° 이므로 접선방향)

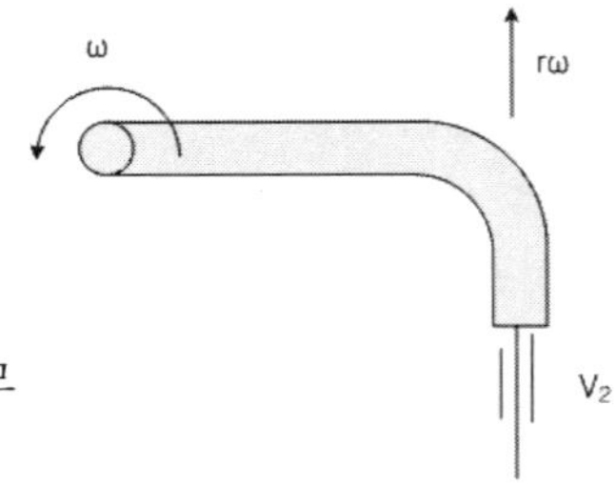

$Q = A_2 v_2 = \frac{\pi}{4} 0.02^2 \times 24.5 = 0.0077 \ \text{m}^3/\text{s}$

$v_2 = V_{t2} + u = V_{t\,2} + r_2\omega$

시동토크는 $\omega = 0$ 이므로

$T = 0.0077 \times 10^3 \times 24.5 \times 0.5 = 94.24 \ \text{N} \cdot \text{m}$

일정속도로 정상회전 시에는 가속되는 힘이 없어 $T = 0$ 이므로

$T = Q\rho(v_2 - u)r_2 = Q\rho(v_2 - r_2\omega)r_2$

$= Q\,\rho(24.5 - 0.5\,\omega) \times 0.5 = 0$

$24.5 = 0.5\,\omega$

$\therefore \omega = 49 \ \text{rad/s} \qquad N = 468 \ \text{rpm}$

5-37

$Q\rho = m = 0.1 \ \text{kg/s}$

$-F_x = Q\,\rho(V_{2x} - V_{1x}) = 0.1\,(120 - 180\cos 45) = -0.73 \ \text{N}$

$F_y = Q\rho(V_{2y} - V_{1y}) = 0.1(120\sin 90 - 180\sin 45) = 12.73 \ \text{N}$

터빈에서 얻는 동력은 운동에너지의 차와 같다.

$L = \frac{m}{2}\left(V_1^2 - V_2^2\right) = F_y\,u$

$= \frac{0.1}{2}\left(180^2 - 120^2\right) = 12.73 \times u$

$L = 900 \ \text{W} \qquad \text{u} = 70.7 \ \text{m/s}$

5-38

입구와 블럭 위에 연속 방정식을 적용하자.

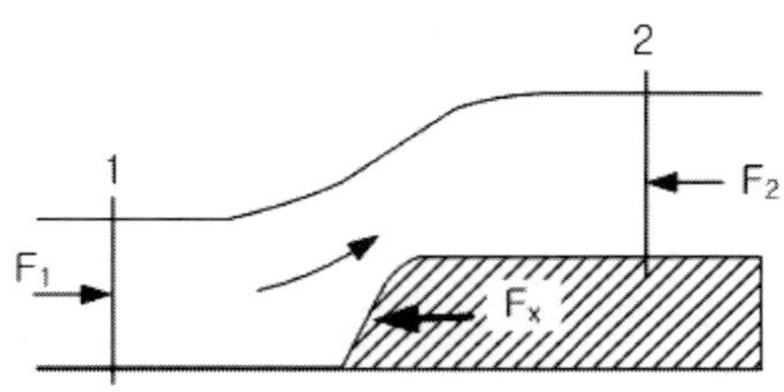

$Q = 14 \times 0.6 \times 1 = 8.4 \ \text{m}^3/\text{s}$

$V_2 = \frac{8.4}{0.65 \times 1} = 12.9 \ \text{m/s}$

$F_1 - F_x - F_2 = Q\,\rho(V_2 - V_1)$

$F_x = F_1 - F_2 - Q\rho(V_2 - V_1)$

$= \frac{1}{2}(9800)(0.6)(0.6)(1) - \frac{1}{2}(9800)(0.65)(0.65)(1) - (8.4 \times 10^3)(12.9 - 14)$

$\therefore F_x = 8.93 \ \text{kN}$

5-39

1,2에 Bernoulli Eq.을 적용하자.

$4 + 3 + \frac{V_1^2}{2g} = 2 + \frac{V_2^2}{2g}$

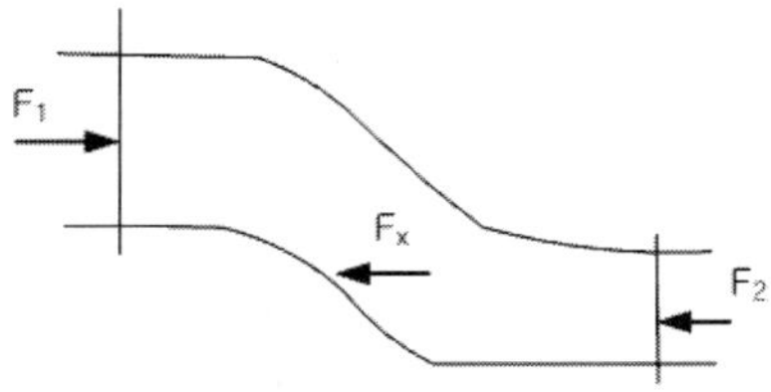

연속방정식

$1\times 3\ V_1 = 1\times 2\ V_2$

$V_1 = \frac{2}{3} V_2$

$V_2 = 13.28\ \text{m/s} \qquad V_1 = 8.85\ \text{m/s}$

$F_1 - F_2 - F_x = Q\rho(V_2 - V_1)$

$$F_x = F_1 - F_2 - Q\rho(V_2 - V_1)$$

$$= \left(9800\times\frac{3}{2}\times 3\times 1\right) - \left(9800\times\frac{2}{2}\times 2\times 1\right) - (3\times 8.85\times 1)10^3(13.28 - 8.85)$$

$$= -93.12\ \text{kN}\ (\text{작용방향 좌측에서 우측으로})$$

5-40

차에 작용하는 힘

$$F = ma = Q_r\rho(v_{r1} - v_{r2}\cos\theta) = A v_{r1}^2\rho \qquad \theta = 90^\circ \quad Q_r = A v_{r1} = A(V_1 + U)$$

$$= 0.01\times\left(20 + \frac{108000}{3600}\right)^2\times 1000 = 25000\ \text{N}$$

$$a = \frac{F}{m} = \frac{25000}{2000} = 12.5\ \text{m/s}^2$$

5-41

정지한 수차에 작용하는 수평방향의 힘을 구하자.

$$F = Q\rho(V_{2x} - V_{1x}) = A\rho V^2(\cos 165 - 1)$$

$$= (0.015)(1000)20^2(\cos 165 - 1) = 11.80\ \text{kN}$$

$$F = m a_x \quad a_x = \frac{F}{m} = \frac{11.8}{2} = 5.9\ \text{m/s}^2$$

$$\tan\theta = \frac{a_x}{g} = \frac{5.9}{9.8} = 0.602$$

$$\theta = 31^\circ$$

5-42

A 점의 모멘트를 1과 2에 작용하는 힘에 대하여 적용하면 방향이 서로 반대이므로

$$T_1 = -(\dot{m}V_1 + P_1A)\times 0.5 \qquad T_2 = (\dot{m}V_2 + P_2A)\times 1.5$$

$$\dot{m} = 10^3\times 0.03 = 30\ \text{kg/s} \qquad V_1 = V_2 = \frac{4\times 0.03}{\pi\times 0.1^2} = 3.82\ \text{m/s} \qquad A = \frac{\pi\times 0.1^2}{4} = 7.85\times 10^{-3}\ \text{m}^2$$

$$T_A = T_1 + T_2 = -\left[(30\times 3.82 + 50\times 10^3\times 7.85\times 10^{-3})\times 0.5\right] + \left[(30\times 3.82 + 40\times 10^3\times 7.85\times 10^{-3})\times 1.5\right]$$

$$= 389.35\ \text{J}$$

5-43

외력이 작용하지 않고 등속원운동을 하므로 모멘텀 방정식은 다음과 같다.

$$0 = \int_{c.s} \rho V(V \cdot n) dA$$
$$= \sum_{out} \rho Q V_{t2} - \sum_{in} \rho Q V_{t1}$$
$$= \sum_{out} \rho Q V_{t2} - 0$$

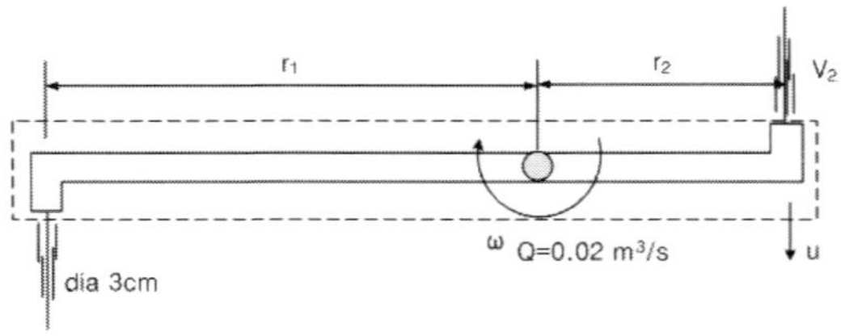

$$V_{t2} = V_2 - u = (\frac{Q}{2A} - r_1\omega) + (\frac{Q}{2A} - r_2\omega) = \frac{4 \times 0.02}{\pi \times 0.03^2} - 0.8\omega - 0.4\omega = 28.29 - 1.2\omega$$

$$\sum_{out} \rho Q V_{t2} = \sum_{out} \rho \frac{Q}{2}(28.29 - 1.2\omega) = 0$$

$\omega = 23.6 \text{ rad/s}$

5-44

각각의 속도를 구하자.

$$V_2 = \frac{0.05 \times 4}{\pi \times 0.12^2} = 4.42 \text{ m/s} \qquad V_1 = \left(\frac{12}{8}\right)^2 V_2 = 9.95 \text{ m/s}$$

$$-\frac{20}{9.8} + \frac{9.95^2}{2 \times 9.8} + 8 = \frac{P_2}{9.8} + \frac{4.42^2}{2 \times 9.8} + 1 \qquad P_2 = 88.3 \text{ kPa}$$

$$P_1 A_1 \cos 45 - P_2 A_2 - R_x = Q\rho(V_2 - V_1 \cos 45)$$

$$R_x = P_1 A_1 \cos 45 - P_2 A_2 - Q\rho(V_2 - V_1 \cos 45)$$

$$R_x = (-20)\left(\frac{\pi \times 0.08^2}{4}\right)\cos 45 - (88.3)\left(\frac{\pi \times 0.12^2}{4}\right) - 0.05(4.42 - 9.95\cos 45)$$

$$R_x = 939 \text{ N}$$

$$P_1 A_1 \sin 45 + R_y = Q\rho(0 - V_1 \sin 45)$$

$$R_y = -P_1 A_1 \sin 45 + Q\rho(0 - V_1 \sin 45)$$

$$R_y = -(-20)\left(\frac{\pi \times 0.08^2}{4}\right)\sin 45 + (0.05)(0 - 9.95\sin 45)$$

$$R_y = -281 \text{ N}$$

$$R = \sqrt{939^2 + (-281)^2} = 980 \text{ N}$$

5-45

회전 반경방향을 r 이라하면

$$u = r\omega = r\frac{2\pi N}{60} = 0.6\sin 45\left(\frac{2\pi N}{60}\right)$$

$$L = T\omega = Q\rho r(V_{2r} - V_{1r})\omega = Q\rho u(u - 0) = Q\rho u^2$$
$$= 0.16 \times 1000 \times \left(0.6\sin 45 \times \frac{2\pi \times 50}{60}\right)^2$$
$$= 788.7 \text{ W}$$

5-46

노즐 출구의 제트속도를 구하자.

$$V_1 = \frac{4 \times 0.02}{\pi \times 0.05^2} = 10.19 \text{ m/s}$$

노즐 출구와 평판에 Bernoulli Eq.을 적용하여 평판에 충돌하는 제트의 속도를 구한다.

$$\frac{V_1^2}{2g}+5=\frac{V_2^2}{2g} \qquad V_2=\sqrt{V_1^2+2g\times 5}=14.21\ \text{m/s}$$

$$R=Q\rho V_2\cos 30=264.1\ \text{N}$$

5-47

이론 터빈출력은

$$L_T=\frac{70}{0.8}=87.5\ \text{kW}$$

$$L_T=\gamma Q h_T \quad h_T=\frac{L_T}{\gamma Q}=\frac{87500}{9800\times 1}=8.93\ \text{m}$$

$$V_1=\frac{4Q}{\pi d^2}=\frac{4}{\pi\times 0.5^2}=5.1\ \text{m/s} \quad V_2=\left(\frac{d_1}{d_2}\right)^2 V_1=2.6\ \text{m/s}$$

터빈 입출구에 베르누이 방정식을 적용하면

$$\frac{P_1}{\gamma}+\frac{V_1^2}{2g}=\frac{P_2}{\gamma}+\frac{V_2^2}{2g}+h_T$$

$$P_1-P_2=\frac{\rho}{2}\left(V_2^2-V_1^2\right)+\gamma h_T$$

$$P_1-P_2=\frac{1000}{2}(2.6^2-5.1^2)+9800\times 8.93=77.89\ \text{kPa}$$

5-48

추진력은

$$F=Q\rho\sqrt{2gh}=A\rho 2gh=\frac{\pi}{4}0.1^2\times(2gh\rho)$$

$$=ma=\frac{\pi}{4}1^2\times h\rho a$$

$$a=\frac{0.1^2\times 2g}{1^2}=0.196\ \text{m/s}^2$$

5-49

연속방정식을 적용하여 입출구의 속도를 구하자

$$V_1=V_2=\frac{Q}{A}=\frac{4\times 300\times 10^{-3}}{\pi 0.03^2\times 60}=7.08\ \text{m/s}$$

게이지 압력이므로 $P_2=0$

x 방향 힘은

$$R_x-P_1A_1=Q\rho(V_{2x}-V_{1x}) \quad R_x=P_1A_1+Q\rho(V_{2x}-V_{1x})$$

$$R_x=120\times 10^3\frac{\pi 0.03^2}{4}+\frac{300\times 10^{-3}}{60}10^3(0+7.08)\ =120.18\ \text{N}$$

$$-R_y+P_2A_2-W=Q\rho(V_{2y}-V_{1y}) \quad R_y=P_2A_2-W-Q\rho(V_{2y}-V_{1y})$$

y 방향은

$$R_y=0-1.2\times 10^3-\frac{300\times 10^{-3}}{60}10^3(-7.08-0)$$

$$R_y=-1164.6\ \text{N}$$

제 6 장

6-1

(1) $\dfrac{\partial u}{\partial x}+\dfrac{\partial v}{\partial y}+\dfrac{\partial w}{\partial z}=0$ 이므로

$\dfrac{\partial u}{\partial x}=0,\ \dfrac{\partial v}{\partial y}=0$

$\dfrac{\partial u}{\partial x}+\dfrac{\partial v}{\partial y}+\dfrac{\partial w}{\partial z}=0$ 을 만족한다.

(2) $\dfrac{\partial(0)}{\partial x}+\dfrac{\partial(4xy)}{\partial y}=0+4x\neq 0$

(3) $\dfrac{\partial(3x)}{\partial x}+\dfrac{\partial(-3y)}{\partial y}+\dfrac{\partial(3xy)}{\partial z}=3-3+0=0$

(4) $\dfrac{\partial(3xt)}{\partial x}+\dfrac{\partial(3yt)}{\partial y}+\dfrac{\partial(3zt)}{\partial z}=3t+3t+3t\neq 0$

(5) $\dfrac{\partial(xy+y^2t)}{\partial x}+\dfrac{\partial\left(-\frac{1}{2}y^2+x^4t\right)}{\partial y}+\dfrac{\partial(3xy+2t)}{\partial z}=y-y+0=0$

6-2

비압축성 연속방정식은 $\dfrac{\partial u}{\partial x}+\dfrac{\partial v}{\partial y}+\dfrac{\partial w}{\partial z}=0$ 이므로

$\dfrac{\partial u}{\partial x}+\dfrac{\partial v}{\partial y}+\dfrac{\partial w}{\partial z}=(a_1+b_2+1)=0$ 을 만족해야 한다. 따라서 $a_1+b_2=-1$ 이어야 한다. 그 밖에 a_2, b_1, c_1, c_2 는 조건이 없다.

6-3

$\dfrac{\partial u}{\partial x}+\dfrac{\partial v}{\partial y}=\dfrac{\partial}{\partial x}\left(\dfrac{y}{x^2+y^2}\right)+\dfrac{\partial}{\partial y}\left(-\dfrac{x}{x^2+y^2}\right)=-\dfrac{2xy}{(x^2+y^2)^2}+\dfrac{2yx}{(x^2+y^2)^2}=0$

만족한다.

6-4

비압축성 정상류이므로

$\dfrac{\partial u}{\partial x}+\dfrac{\partial v}{\partial y}+\dfrac{\partial w}{\partial z}=0 \qquad \dfrac{\partial(x^3+2z^2)}{\partial x}+\dfrac{\partial v}{\partial y}+\dfrac{\partial(3y^2-4yz)}{\partial z}=0$

$3x^2+\dfrac{\partial v}{\partial y}-4y=0 \qquad \dfrac{\partial v}{\partial y}=4y-3x^2$

$\therefore v=2y^2-3x^2y+f(x,z)$

6-5

$\nabla\cdot V=\dfrac{\partial(4t)}{\partial x}+\dfrac{\partial(2xz)}{\partial y}+\dfrac{\partial(3ty^3)}{\partial z}=0$

비압축성이다.

$$curl\ V = \begin{vmatrix} i & j & k \\ \frac{\partial}{\partial x} & \frac{\partial}{\partial y} & \frac{\partial}{\partial z} \\ 4t & 2xz & 3ty^3 \end{vmatrix} = (9ty^2 - 2x)i + 2zk \neq 0$$

회전유동이다.

6-6

$$\omega_x = \frac{1}{2}\left(\frac{\partial w}{\partial y} - \frac{\partial v}{\partial z}\right) = \frac{1}{2}(0 - 20yz) = -10yz$$

$$\omega_y = \frac{1}{2}\left(\frac{\partial u}{\partial z} - \frac{\partial w}{\partial x}\right) = \frac{1}{2}(0 - 0) = 0$$

$$\omega_z = \frac{1}{2}\left(\frac{\partial v}{\partial x} - \frac{\partial u}{\partial y}\right) = \frac{1}{2}(20 - 7x^2) = 10 - 3.5x^2$$

$$\omega = \omega_x i + \omega_y j + \omega_z k = -10yzi + (10 - 3.5x^2)k$$

$$\omega(1,2,3) = -60i + 6.5k \ \text{rad/s}$$

6-7

유선을 따라는 유동함수는 $\psi = C$ 이고 $d\psi = 0$ 이므로

$$d\psi = \frac{(x^2 + y^2)dx - x(2xdx + 2ydy)}{(x^2 + y^2)^2} = 0$$

$\frac{dy}{dx} = \frac{-(x^2 - y^2)}{2xy}$ 에 주어진 점 (2,3)을 대입하면

$$\frac{dy}{dx} = \frac{5}{12} = 0.417$$

즉, 점(2,3)에서의 유동방향은 기울기 -2.4의 방향으로 각도로 환산하면

$$\frac{dy}{dx} = \tan\theta = 0.417$$

$$\theta = \tan^{-1}(0.417) = 22.6^\circ$$

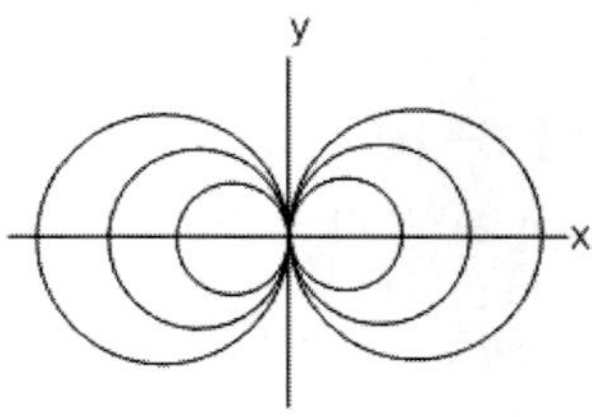

주어진 유동함수를 $\psi = \frac{1}{2C}$ 라 하면

$$\frac{x}{x^2 + y^2} = \frac{1}{2C} \qquad x^2 + y^2 - 2Cx + C^2 = C^2$$

$(x - C)^2 + y^2 = C^2$ 중심 $(C, 0)$, 반경 $|C|$의 원이다.

6-8

$u = 2xy \quad v = -y^2$

유동함수가 존재한다면 연속방정식을 만족하므로

$$\frac{\partial(2xy)}{\partial x} + \frac{\partial(-y^2)}{\partial y} = 2y - 2y = 0$$

유동함수가 존재한다.

$$u = \frac{\partial\psi}{\partial y} = 2xy \qquad -v = \frac{\partial\psi}{\partial x} = y^2$$

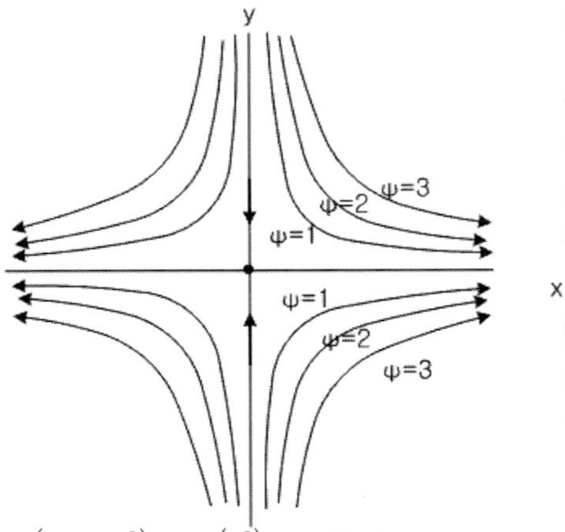

$\psi = xy^2 + C$

C가 상수이므로 C=0의 유동함수를 가장 단순한 형태의 함수로 생각하자.

$\psi = xy^2$

정체점은 $V = 0$ 이므로 $y = 0$ 이다.

6-9

비압축성 정상류이므로 연속방정식을 만족해야 한다.

$$\frac{\partial(-3xy^2)}{\partial x} + \frac{\partial(y^3)}{\partial y} + \frac{\partial(2x)}{\partial z} = -3y^2 + 3y^2 + 0 = 0$$

점성과 중력을 무시하므로 Euler Eq.에서

$$\rho\frac{DV}{Dt} = -\nabla P + \rho g = -\nabla P$$

$$\rho\frac{DV}{Dt} = \rho\left(u\frac{\partial V}{\partial x} + v\frac{\partial V}{\partial y} + w\frac{\partial V}{\partial z}\right)$$

$$= \rho\left[(-3xy^2)(-3y^2 i + 2k) + (y^3)(-6xyi + 3y^2 j) + (2x)(0)\right]$$

$$= \rho(3xy^4 i + 3y^5 j - 6xy^2 k)$$

$$\nabla P = -\rho(3xy^4 i + 3y^5 j - 6xy^2 k)$$

점(1,2,3)에서

$$\nabla P = -\rho\left[(3\times1\times2^4)i + (3\times2^5)j - (6\times1\times2^2)k\right]$$

$$= -\rho(48i + 96j - 24k)\ \mathrm{Pa/m}$$

6-10

Navier-Stokes Eq.에서

$$\rho\frac{DV}{Dt} = -\nabla P + \mu\nabla^2 V + \rho g$$

$$\rho\frac{DV}{Dt} = \rho(3xy^4 i + 3y^5 j - 6xy^2 k) \quad \text{(위 9번 문제 참조)}$$

$$\mu\nabla^2 V = \mu\left[\left(\frac{\partial^2 u}{\partial x^2} + \frac{\partial^2 u}{\partial y^2} + \frac{\partial^2 u}{\partial z^2}\right) + \left(\frac{\partial^2 v}{\partial x^2} + \frac{\partial^2 v}{\partial y^2} + \frac{\partial^2 v}{\partial z^2}\right) + \left(\frac{\partial^2 w}{\partial x^2} + \frac{\partial^2 w}{\partial y^2} + \frac{\partial^2 w}{\partial z^2}\right)\right] = 0$$

$$\frac{\partial^2 u}{\partial x^2} + \frac{\partial^2 u}{\partial y^2} + \frac{\partial^2 u}{\partial z^2} = 0 + (-6x) + 0 = -6x$$

$$\frac{\partial^2 v}{\partial x^2} + \frac{\partial^2 v}{\partial y^2} + \frac{\partial^2 v}{\partial z^2} = 0 + (6y) + 0 = 6y$$

$$\frac{\partial^2 w}{\partial x^2} + \frac{\partial^2 w}{\partial y^2} + \frac{\partial^2 w}{\partial z^2} = 0 + 0 + 0 = 0$$

체적력은 z 방향으로 작용하므로

$$\rho g = 0i + 0j - g\rho k$$

따라서 Navier-Stokes Eq.에 대입하면

$$\rho(3xy^4 i + 3y^5 j - 6xy^2 k) = -\nabla P + \mu(-6xi + 6yj) + (-\rho g k)$$

$$\nabla P = (-3\rho x y^4 - 6\mu x)i + (-3\rho y^5 + 6\mu y)j + (6\rho x y^2 - \rho g)k$$

$$\frac{\partial P}{\partial x} = -3\rho x y^4 - 6\mu x$$

$$\frac{\partial P}{\partial y} = -3\rho y^5 + 6\mu y$$

$$\frac{\partial P}{\partial z} = 6\rho x y^2 - \rho g$$

6-11

비압축성 점성유체가 정상유동하는 경우로 연속방정식을 만족해야 한다. 또 평판이 x 방향으로 이동하므로 1차원 유동($v = w = 0$) 이다.

$\frac{\partial u}{\partial x} + \frac{\partial v}{\partial y} + \frac{\partial w}{\partial z} = \frac{\partial u}{\partial x} = 0$ 즉, $u = u(y)$ 로 y 만의 함수이다.

Navier-Stokes Eq.의 x 성분에서

$$\rho\left(u\frac{\partial u}{\partial x} + v\frac{\partial u}{\partial y}\right) = -\frac{\partial P}{\partial x} + \rho f_x + \mu\left(\frac{\partial^2 u}{\partial x^2} + \frac{\partial^2 u}{\partial y^2}\right)$$

$$\rho(0+0) = 0 + 0 + \mu\left(0 + \frac{d^2 u}{dy^2}\right)$$

$$\frac{d^2u}{dy^2} = 0 \qquad \frac{du}{dy} = C_1$$

$$u = C_1 y + C_2 \qquad (1)$$

경계조건을 (1) 식에 대입하면

$y = 0,\quad u = 0$ --> $C_2 = 0$

$y = h,\quad u = V$ --> $C_1 = \frac{V}{h}$

$$u = \frac{V}{h} y \qquad (2)$$

판 중앙의 위치는 $y = 2\,\mathrm{m}$ 이고 $V = 5\,\mathrm{m/s}$ 를 (2)식에 대입하면

$$u = \frac{5}{4} \times 2 = 2.5\,\mathrm{m/s}$$

(2) 식과 같은 유동을 움직이는 벽에의한 Couette 유동이라 한다.

6-12

위의 문제 풀이와 유사하게, 원관 속의 유동이므로 $v = w = 0$, $u = u(y)$ 이다.

Navier-Stokes Eq.의 x 성분에서

$$0 = -\frac{\partial P}{\partial x} + \mu\left(\frac{\partial^2 u}{\partial y^2} + \frac{\partial^2 u}{\partial z^2}\right) \qquad \frac{\partial P}{\partial y} = \frac{\partial P}{\partial z} = 0$$

$y = z = r$ 로 같은 방향으로 볼 수 있으므로

$$-\frac{\partial P}{\partial x}+2\mu\frac{\partial^2 u}{\partial r^2}=0 \qquad \frac{\partial^2 u}{\partial r^2}=\frac{1}{2\mu}\frac{\partial P}{\partial x} \qquad \frac{d^2 u}{dr^2}=\frac{1}{2\mu}\frac{\partial P}{\partial x}$$

$$\frac{du}{dr}=\frac{r}{2\mu}\frac{dP}{dx}+C_1$$

B.C $r=0,\ \dfrac{du}{dr}=0$ --> $C_1=0$ $\qquad \dfrac{du}{dr}=\dfrac{r}{2\mu}\dfrac{dP}{dx}$

$$u=\frac{r^2}{4\mu}\frac{dP}{dx}+C_2$$

B.C $r=R,\ u=0$ --> $C_2=-\dfrac{R^2}{4\mu}\dfrac{dP}{dx}$

$$u=-\frac{r^2}{4\mu}\frac{dP}{dx}(R^2-r^2) \qquad (1)$$

$at\ r=0,\quad u=u_{\max}$

$$\therefore u_{\max}=-\frac{R^2}{4\mu}\frac{dP}{dx}$$

(1) 식을 Poiseuille 유동이라 한다. 즉, 층류 원관 속의 속도 분포는 포물선 형태가 된다.

6-13

$$u=\frac{\partial\psi}{\partial y}=-3 \qquad -v=\frac{\partial\psi}{\partial x}=9x$$

$V=-3i-9xj$

연속방정식을 만족하는지 확인하자.

$$\frac{\partial(-3)}{\partial x}+\frac{\partial(-9x)}{\partial y}=0+0=0$$

만족한다.

6-14

(1) $\dfrac{\partial u}{\partial x}+\dfrac{\partial v}{\partial y}=-2x+3+2x-3=0$ 만족한다.

(2) $\Omega=\dfrac{\partial v}{\partial x}-\dfrac{\partial u}{\partial y}=2y-1\neq 0$ 회전유동이다.

(3) 정체점은 $u=0,\ v=0$ 을 만족하는 점이다.

$v=0=2y\left(x-\dfrac{3}{2}\right)$ $\qquad y=0$ 또는 $x=\dfrac{3}{2}$

a) $y=0$ 일 때 $u=0$ 되는 조건은 $u=-x^2+3x-y=x(-x+3)$

$\therefore$ (0, 0), (3, 0) 두 경우이다.

b) $x=\dfrac{3}{2}$ 일 때 $u=0$ 되는 조건은 $y=\dfrac{9}{4}$ 이다. $\quad\therefore\left(\dfrac{3}{2},\dfrac{9}{4}\right)$ 이다.

정체점은 (0, 0), (3, 0), $\left(\dfrac{3}{2},\dfrac{9}{4}\right)$

(4) $u=\dfrac{\partial\psi}{\partial y}$ $\qquad \psi=-x^2y+3xy-\dfrac{1}{2}y^2+C(x)$

$v = 2xy - 3y = -\dfrac{\partial \psi}{\partial x} = 2xy - 3y - \acute{C}(x)$

$\acute{C}(x) = 0 \qquad C(x) = constant = 0$ 이면

$\psi = -x^2 y + 3xy - \dfrac{1}{2}y^2$

6-15

$u = \dfrac{\partial \psi}{\partial y} = 2y \qquad v = -\dfrac{\partial \psi}{\partial x} = -4x$

A(-2m , 0) 점에서 $u = 0 \text{ m/s},\ v = 8 \text{ m/s}$ 이므로 $V_A = 8 \text{ m/s}$

B(1m, 2m)에서 $u = 4 \text{ m/s},\ v = -4 \text{ m/s}$ 이므로 $V_B = \sqrt{4^2 + 4^2} = 5.66 \text{ m/s}$

Bernoulli Eq.

$$\frac{P_A}{\gamma} + \frac{V_A^2}{2g} = \frac{P_B}{\gamma} + \frac{V_B^2}{2g}$$

$$\frac{P_A}{\gamma} - \frac{P_B}{\gamma} = \frac{V_B^2}{2g} - \frac{V_A^2}{2g} = \frac{5.66^2 - 8^2}{2 \times 9.8} = -1.63 \text{ m}$$

6-16

$u(x, y) = y - \dfrac{3}{2}y^2 = \dfrac{\partial \psi}{\partial y}$

$\psi = \dfrac{y^2}{2} - \dfrac{1}{2}y^3 + C \quad (C = 0$ 의 경우 일반형이므로)

$\psi = \dfrac{1}{2}(y^2 - y^3)$

단위 폭당 유량 q는

$$q = \int_0^{0.3} u\,dy = \int_0^{0.3}\left(y - \frac{3}{2}y^2\right)dy$$

$$= \left[\frac{y^2}{2} - \frac{y^3}{2}\right]_0^{0.3} = \left(\frac{0.3^2}{2} - \frac{0.3^3}{2}\right) = 0.0315 \text{ m}^2/\text{s}$$

유동함수 변화량은

$$\psi_2 - \psi_1 = \left[\frac{1}{2}(y^2 - y^3)\right]_{y=0.3} - \left[\frac{1}{2}(y^2 - y^3)\right]_{y=0} = \frac{1}{2}(0.3^2 - 0.3^3) = 0.0315 \text{ m}^2/\text{s}$$

$\therefore \Delta\psi = q$ (유동함수의 변화량은 면적유량과 같다)

6-17

비회전 유동은

$\text{culr}(V) = 0$ 이어야 하므로 $\text{culr}(\nabla\phi) = 0$ 임을 증명하자.

$\text{culr}\left(\dfrac{\partial\phi}{\partial x}i + \dfrac{\partial\phi}{\partial y}j + \dfrac{\partial\phi}{\partial z}k\right)$

$= \left(\dfrac{\partial}{\partial x}i + \dfrac{\partial}{\partial y}j + \dfrac{\partial}{\partial z}k\right) \times \left(\dfrac{\partial\phi}{\partial x}i + \dfrac{\partial\phi}{\partial y}j + \dfrac{\partial\phi}{\partial z}k\right)$

$$= \left[\frac{\partial}{\partial y}\left(\frac{\partial \phi}{\partial z}\right) - \frac{\partial}{\partial z}\left(\frac{\partial \phi}{\partial y}\right)\right] i + \left[\frac{\partial}{\partial z}\left(\frac{\partial \phi}{\partial x}\right) - \frac{\partial}{\partial x}\left(\frac{\partial \phi}{\partial z}\right)\right] j + \left[\frac{\partial}{\partial x}\left(\frac{\partial \phi}{\partial y}\right) - \frac{\partial}{\partial y}\left(\frac{\partial \phi}{\partial x}\right)\right] k = 0$$

위식에서

$\dfrac{\partial^2 \phi}{\partial y \partial z} = \dfrac{\partial^2 \phi}{\partial z \partial y}$ $\dfrac{\partial^2 \phi}{\partial z \partial x} = \dfrac{\partial^2 \phi}{\partial x \partial z}$ $\dfrac{\partial^2 \phi}{\partial x \partial y} = \dfrac{\partial^2 \phi}{\partial y \partial x}$ 이므로

$\text{culr}(V) = 0$ 이다.

$\therefore V = \nabla \phi$

6-18

유동함수가 존재하기 위해서는 연속방정식을 만족해야한다.

$$\frac{\partial u}{\partial x} + \frac{\partial v}{\partial y} = \frac{\partial}{\partial x}\left(\frac{1}{x^2}\right) + \frac{\partial}{\partial y}\left(\frac{2y}{x^3}\right) = \frac{2}{x^3} - \frac{2}{x^3} = 0$$

연속방정식을 만족하므로 유동함수가 존재한다. 유동함수의 정의에 의해서 다음이 성립한다.

$$u = \frac{\partial \psi}{\partial y} = \frac{1}{x^2} \tag{1}$$

$$v = -\frac{\partial \psi}{\partial x} = \frac{2y}{x^3} \tag{2}$$

각각의 속도성분을 적분과 미분하여 서로 비교하자. (1)식을 적분하면 다음과 같은 유동함수를 얻는다.

$$\psi = \frac{y}{x^2} + f(x) \tag{3}$$

(3)식을 x 에 관하여 미분하자.

$$\frac{\partial \psi}{\partial x} = -\frac{2y}{x^3} + f'(x) \tag{4}$$

(4)식을 (2)식과 비교하면 $f'(x) = 0$ 즉, $f(x) = C$ 상수임을 알 수 있다. (3)식에 대입하면 유동함수는 다음과 같다.

$$\psi = \frac{y}{x^2} + C \tag{5}$$

편의상 $C = 0$ 으로 하여 유동함수를 단순화하자.

$$\psi = \frac{y}{x^2} \tag{6}$$

(a) 유동함수가 유선을 따를 때는 $\psi = \text{constant}$ 이므로 유선의 방향을 확인하기 위해서 (6)식의 미분을 취하자.

$$d\psi = \frac{(x^2)dy - y(2x\,dx)}{(x^2)^2} = \frac{x^2 dy - (2xy)dx}{x^4} = 0$$

위 식에서 $d\psi = 0$이 되기 위해서는 분자가 0이 되어야 하므로

$$\frac{dy}{dx} = \frac{2y}{x}$$

이다 따라서 $(x, y) = (2, 6)$에서의 기울기는

$$\frac{dy}{dx} = \frac{2 \times 6}{2} = 6$$

이다.

(b) ψ 가 일정한 값을 가지므로 상수로 생각하면 $\psi = \frac{y}{x^2}$ 는

$$y = a\,x^2$$

의 쌍곡선으로 표현 할 수 있다. 따라서 유선은 a 값의 변화에 따라서 다음과 같이 그려진다.

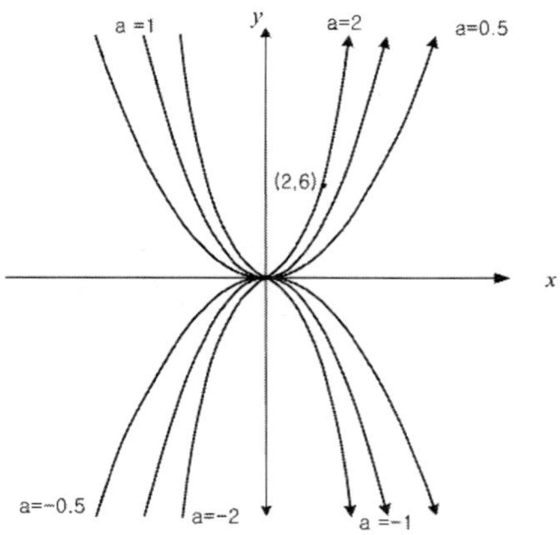

6-19

$$u = \frac{\partial \psi}{\partial y} = 3x^2 \qquad v = -\frac{\partial \psi}{\partial x} = 1 - 6xy \qquad \frac{\partial u}{\partial x} = 6x \qquad \frac{\partial u}{\partial y} = 0 \qquad \frac{\partial^2 u}{\partial x^2} = 6$$

Navier-Stokes 방정식의 x 성분은 다음과 같으므로

$$\rho \frac{Du}{Dt} = -\frac{\partial P}{\partial x} + \mu\left(\frac{\partial^2 u}{\partial x^2} + \frac{\partial^2 u}{\partial y^2} + \frac{\partial^2 u}{\partial z^2}\right) + \rho f_x$$

$$\rho \frac{Du}{Dt} = \rho\left(\frac{\partial u}{\partial t} + u\frac{\partial u}{\partial x} + v\frac{\partial u}{\partial y} + w\frac{\partial u}{\partial z}\right) = (1000)\left[0 + (3x^2)(6x) + 0 + 0\right] = 1.8 \times 10^4 x^3$$

$$\mu\left(\frac{\partial^2 u}{\partial x^2} + \frac{\partial^2 u}{\partial y^2} + \frac{\partial^2 u}{\partial z^2}\right) = (0.001)(6 + 0 + 0) = 0.006$$

x 방향의 체적력은 존재하지 않으므로 $\rho f_x = 0$ 이다. 따라서 Navier-Stokes 방정식은 다음과 같다.

$$1.8 \times 10^4 x^3 = -\frac{\partial P}{\partial x} + 0.006 + 0$$

$$\frac{\partial P}{\partial x} = (1.8 \times 10^4 x^3 - 0.006)\ \mathrm{Pa/m}$$

6-20

유동함수가 존재하기 위해서는 연속방정식을 만족해야 하고 속도포텐샬이 존재하기 위해서는 비회전 유동이어야 하므로

$$\frac{\partial u}{\partial x}+\frac{\partial v}{\partial y}=\frac{\partial}{\partial x}(x)+\frac{\partial}{\partial y}(-y)=0$$ (연속방정식을 만족한다.)

$$\frac{\partial v}{\partial x}-\frac{\partial u}{\partial y}=0-0=0$$ (비회전 유동이다)

$$\frac{\partial \psi}{\partial y}=u=x \qquad \psi=xy+f(x)+C_1$$

$$-\frac{\partial \psi}{\partial x}=v=-y \qquad \psi=xy+C$$

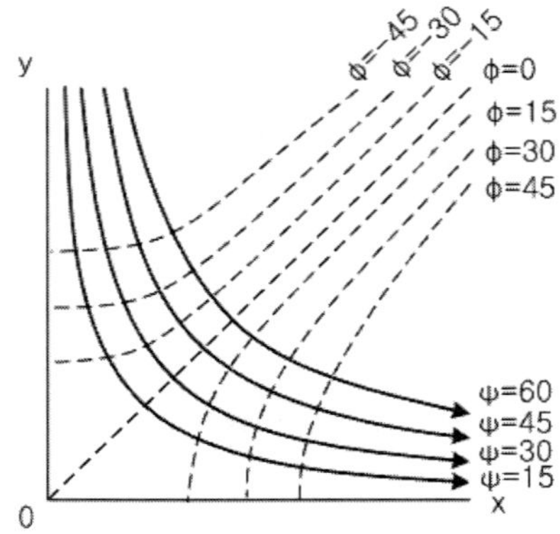

가장 단순한 유동함수는 $\psi=xy$ 이다.
포텐샬 함수는 정의에 의해서 다음과 같다.

$$d\phi=\frac{\partial \phi}{\partial x}dx+\frac{\partial \phi}{\partial y}dy=x\,dx-y\,dy$$

$$\phi=\frac{1}{2}(x^2-y^2)+C$$

따라서 단순한 형태의 속도포텐샬은 $\phi=\frac{1}{2}(x^2-y^2)$ 이다.

6-21

주어진 속도장에서 $u=0,\ v=20x-x^2\ , w=0$ 이므로

$$\sigma_{xx}=-P+2\mu\frac{\partial u}{\partial x}=-P=-100\,\text{kPa}$$

$$\sigma_{yy}=-P+2\mu\frac{\partial v}{\partial y}=-P=-100\,\text{kPa} \qquad \sigma_{zz}=-P+2\mu\frac{\partial w}{\partial z}=-P=-100\,\text{kPa}$$

$$\tau_{xy}=\tau_{yx}=\mu\left(\frac{\partial u}{\partial y}+\frac{\partial v}{\partial x}\right)=\mu[0+(20-2x)]=10^{-3}(20-2\times 2)=16\times 10^{-3}\,\text{Pa}$$

$$\tau_{xz}=\tau_{zx}=\mu\left(\frac{\partial u}{\partial z}+\frac{\partial w}{\partial x}\right)=0$$

$$\tau_{yz}=\tau_{zy}=\mu\left(\frac{\partial v}{\partial z}+\frac{\partial w}{\partial y}\right)=0$$

$$\sigma_{ij}=\begin{pmatrix}\sigma_{xx} & \tau_{yx} & \tau_{zx}\\ \tau_{xy} & \sigma_{yy} & \tau_{zy}\\ \tau_{xz} & \tau_{yz} & \sigma_{zz}\end{pmatrix}=\begin{pmatrix}-100\times 10^3 & 16\times 10^{-3} & 0\\ 16\times 10^{-3} & -100\times 10^3 & 0\\ 0 & 0 & -100\times 10^3\end{pmatrix}\text{Pa}$$

6-22

$$a=\frac{DV}{Dt}=\frac{\partial V}{\partial t}+u\frac{\partial V}{\partial x}+v\frac{\partial V}{\partial y}+w\frac{\partial V}{\partial z}=0+u\frac{\partial V}{\partial x}+v\frac{\partial V}{\partial y}+0$$

$$a=u(2yi-0j)+v(2xi-2yj)=(2xy)(2yi)+(-y^2)(2xi-2yj)$$
$$=2xy^2i+2y^3j$$

점(1,2)에서의 가속도는

$$a=8i+16j\ \text{m/s}^2$$

N-S 방정식은 점성유체의 경우

$$\rho\frac{DV}{Dt}=-\nabla P+\mu\nabla^2 V+\rho f$$

으로 x 방향에 대해서는

$\nabla^2 u=\left(\frac{\partial^2 u}{\partial x^2}+\frac{\partial^2 u}{\partial y^2}+\frac{\partial^2 u}{\partial z^2}\right)=0$ 이고 체적력은 $f_x=0$ 다른 성분들은

$$\nabla^2 v=\left(\frac{\partial^2 v}{\partial x^2}+\frac{\partial^2 v}{\partial y^2}+\frac{\partial^2 v}{\partial z^2}\right)=-2 \quad f_y=-g$$

$$\nabla^2 w=\left(\frac{\partial^2 w}{\partial x^2}+\frac{\partial^2 w}{\partial y^2}+\frac{\partial^2 w}{\partial z^2}\right)=0 \quad f_z=0$$

이므로

$$\rho\frac{DV}{Dt}=-\nabla P+\mu\nabla^2 V+\rho f$$

$$\rho(2xy^2 i+2y^3 j)=-\nabla P+\mu(-2j)-\rho g j$$

$$\nabla P=-\rho(2xy^2 i+2y^3 j)+\mu(-2j)-\rho g j$$

점성유체의 압력구배는

$$\nabla P=-10^3[(2\times1\times2^2)i+(2\times2^3)j]+(1.3\times10^{-3})(-2j)-(10^3\times9.8)j$$

$$=-8000i-25800.0026j\ \mathrm{Pa/m}$$

비점성의 경우는 $\mu=0$ 이므로

$$\rho\frac{DV}{Dt}=-\nabla P+\rho f$$

$$\rho(2xy^2 i+2y^3 j)=-\nabla P-\rho g j$$

$$\nabla P=-8000i-25800j\ \mathrm{Pa/m}$$

6-23

$V=(x-3)i+(2-y)j$ m/s, $f=-gk$, 비점성유체이므로

$$\rho\frac{DV}{Dt}=-\nabla P+\rho f$$

$$\rho a_x=-\frac{\partial P}{\partial x}+\rho f_x,\quad \frac{\partial P}{\partial x}=-\rho a_x=-\rho\left(\frac{\partial u}{\partial t}+u\frac{\partial u}{\partial x}+v\frac{\partial u}{\partial y}+w\frac{\partial u}{\partial z}\right)=-\rho(x-3)$$

$$\rho a_y=-\frac{\partial P}{\partial y}+\rho f_y,\quad \frac{\partial P}{\partial y}=-\rho a_y=-\rho\left(\frac{\partial v}{\partial t}+u\frac{\partial v}{\partial x}+v\frac{\partial v}{\partial y}+w\frac{\partial v}{\partial z}\right)=\rho(2-y)$$

$$\rho a_z=-\frac{\partial P}{\partial z}+\rho f_z,\quad \frac{\partial P}{\partial z}=-\rho a_z+\rho f_z=-\rho\left(\frac{\partial w}{\partial t}+u\frac{\partial w}{\partial x}+v\frac{\partial w}{\partial y}+w\frac{\partial w}{\partial z}\right)-\rho g=-\rho g$$

$$\nabla P=\rho[(3-x)i+(2-y)j-gk]$$

$P=P(x,y,z)$ 이므로 $dP=\frac{\partial P}{\partial x}dx+\frac{\partial P}{\partial y}dy+\frac{\partial P}{\partial z}dz$

$$dP=\rho[(3-x)dx+(2-y)dy-g\,dz]$$

$$P_{1,2,1}-P_{0,0,0}=\rho\left[\int_0^1(3-x)dx+\int_0^2(2-y)dy-\int_0^1 g\,dz\right]=-5.3\rho$$

$$=-5.3\ \mathrm{kPa}$$

6-24

소스의 경우

$\psi = \frac{q}{2\pi}\theta, \quad \phi = \frac{q}{2\pi}\ln r \ , \ u_r = \frac{q}{2\pi r} \qquad u_\theta = 0$

이므로

$\psi = \frac{20}{2\pi}\theta = 3.18\theta \ , \ \phi = 3.18\ln r$ 이고

$u_r = \frac{20}{2\pi r} = \frac{3.18}{3} = 1.1 \ \mathrm{m/s},$

$u_\theta = 0$

6-25

소스의 경우

$\psi = \frac{q}{2\pi}\theta$ 이고 $\frac{q}{2\pi}$는 상수이므로

$$\nabla^2\psi = \frac{\partial^2\psi}{\partial r^2} + \frac{1}{r}\frac{\partial\psi}{\partial r} + \frac{1}{r^2}\frac{\partial\psi}{\partial\theta^2} = 0 + \frac{1}{r}(0) + \frac{1}{r^2}(0) = 0$$

6-26

눈에서는 강체운동이므로

$r \le 20$ 에서는 $u_\theta = r\omega$

눈 밖에서는 비회전 유동으로

$r \ge 20$ 에서는 $u_\theta = \frac{C}{r}$

$r = 20$ 에서 최대속도이고 $u_\theta = 20\omega = \frac{C}{20} = 60$ 이므로

$\omega = 3\ \mathrm{rad/s} \quad C = 1200\ \mathrm{m^2/s}$

1) 속도

$r = 10\ \mathrm{m}$에서의 속도 $u_\theta = r\omega = 10 \times 3 = 30\ \mathrm{m/s}$

$r = 30\ \mathrm{m}$에서의 속도 $u_\theta = \frac{C}{r} = \frac{1200}{30} = 40\ \mathrm{m/s}$

2) 압력

$r = 30\ \mathrm{m}$과 중심에서 먼 지점에 베르누이 방정식을 적용하자(비회전 유동이므로 가능) 대기압을 P_a라 하면

$$\frac{P}{\gamma} + \frac{1}{2g}u_\theta^2 = \frac{P_a}{\gamma}$$

$$P_a - P = \frac{\rho}{2}u_\theta^2 = \frac{\rho}{2}\left(\frac{C}{r}\right)^2 = \frac{1.2}{2}(40)^2 = 960\ \mathrm{Pa}$$

대기압보다 960 Pa 낮은 압력이다.

6-27

$u = \frac{\partial\phi}{\partial x} = 5x^2 - 5y^2 \qquad v = \frac{\partial\phi}{\partial y} = -10xy$

$\nabla \cdot V = \frac{\partial u}{\partial x} + \frac{\partial v}{\partial y} = 10x - 10x = 0$

비압축성이다.

$$u = \frac{\partial \psi}{\partial y} = 5x^2 - 5y^2 \qquad \psi = 5x^2 y - \frac{5}{3}y^3$$

$$v = -\frac{\partial \psi}{\partial x} = -10xy \qquad \psi = 5x^2 y + f(y)$$

$$\psi = 5x^2 y - \frac{5}{3}y^3$$

6-28

Navier-Stokes 방정식은

$$\rho \frac{DV}{Dt} = -\nabla P + \mu \nabla^2 V - \rho g$$

에서 평판사이의 유동은 x 방향으로만 존재하고 가속도는 없으며 $u = u(y)$ 이므로

$$0 = -\frac{\partial P}{\partial x} + \mu \frac{\partial^2 u}{\partial y^2} + 0$$

$$\frac{\partial^2 u}{\partial y^2} = \frac{1}{\mu}\frac{\partial P}{\partial x} \qquad \frac{\partial u}{\partial y} = \frac{y}{\mu}\frac{\partial P}{\partial x} + C \qquad u = \frac{y^2}{2\mu}\frac{\partial P}{\partial x} + Cy + D$$

경계조건 $y = 0, u = 0$ 와 $y = H, u = U$ 를 대입하면

$$0 = D$$

$$U = \frac{H^2}{2\mu}\frac{\partial P}{\partial x} + CH$$

$$C = -\frac{H}{2\mu}\frac{\partial P}{\partial x} + \frac{U}{H}$$

$$u = \frac{1}{2\mu}\frac{\partial P}{\partial x}(y^2 - Hy) + \frac{U}{H}y$$

제 7 장

7-1

$\Delta P = f(\sigma,\ R)$

$\sigma = [M\,T^{-2}] \qquad R = [L]$

$\Delta P = [ML^{-1}\,T^{-2}]$

$\Delta P = k\sigma^a R^b \qquad (k$ 는 상수$)$

$ML^{-1}\,T^{-2} = M^a\,T^{-2a}L^b \qquad a = 1,\ \ b = -1$

$\Delta P = k\dfrac{\sigma}{R}$

ΔP는 표면장력에 비례하고 반지름에 반비례한다.

7-2

$\Delta P = f\left(\rho,\ V,\ \dfrac{d}{D}\right)$

$\dfrac{\Delta P}{\rho\,V^2} = k\left(\dfrac{d}{D}\right) \qquad \left(\dfrac{\Delta P}{\rho\,V^2}\right)_1 = \left(\dfrac{\Delta P}{\rho\,V^2}\right)_2$

$\left(\dfrac{\Delta P}{\rho\,V^2}\right)_1 = \dfrac{7000}{10^3\times 6^2} = 0.194 \qquad \left(\dfrac{\Delta P}{\rho\,V^2}\right)_2 = \dfrac{17000}{700\times V_2^2} = \dfrac{24.286}{V_2^2}$

$0.194 = \dfrac{24.286}{V_2^2} \qquad V_2 = 11.19\ \text{m/s}$

$Q_2 = A_2\,V_2 \qquad 0.18 = \dfrac{\pi}{4}\times D^2\times 11.19$

$D = 0.143\ \text{m} = 14.3\ \text{cm}$

7-3

반복변수가 $Q,\ H$ 이므로

$\Pi_1 = Q^{x_1}H^{y_1}g = \left(L^3\,T^{-1}\right)^{x_1}(L)^{y_1}L\,T^{-2} = L^{3x_1+y_1+1}\,T^{-x_1-2}$

$x_1 = -2,\ y_1 = 5$

$\Pi_1 = \dfrac{H^5\,g}{Q^2}$

$\Pi_2 = Q^{x_2}H^{y_2}\,V = \left(L^3\,T^{-1}\right)^{x_2}(L)^{y_2}L\,T^{-1} = L^{3x_2+y_2+1}\,T^{-x_2-1}$

$x_2 = -1,\ \ y_2 = 2$

$\Pi_2 = \dfrac{H^2\,V}{Q}$

$\Pi_3 = \theta$

7-4

	기 호	차 원
유량	Q	$L^3 T^{-1}$
압력강하	ΔP	$ML^{-1}T^{-2}$
길이	ℓ	L
지름	D	L
점성계수	μ	$ML^{-1}T^{-1}$

$F(Q, \Delta P, \ell, D, \mu) = 0$

변수의 수 $n = 5$, 기본차원의 수 $m = 3$

무차원수 $n - m = 2$개

반복변수 Q, D, μ

$$\Pi_1 = Q^a D^b \mu^c \Delta P$$
$$= (L^3 T^{-1})^a (L)^b (ML^{-1}T^{-1})^c ML^{-1}T^{-2} = L^{3a+b-c-1} T^{-a-c-2} M^{c+1}$$

$a = -1, b = 3, c = -1$

$$\Pi_1 = \frac{\Delta P D^3}{Q\mu}$$

$$\Pi_2 = Q^a D^b \mu^c \ell$$
$$= (L^3 T^{-1})^a (L)^b (ML^{-1}T^{-1})^c L = L^{3a+b-c+1} T^{-a-c} M^c$$

$a = 0, b = -1, c = 0$

$$\Pi_2 = \frac{\ell}{D}$$

$$F\left(\frac{\Delta P D^3}{Q\mu}, \frac{\ell}{D}\right) = 0$$

$$\frac{\Delta P D^3}{Q\mu} = k\frac{\ell}{D} \quad (k\text{는 상수})$$

$$Q = k\frac{\Delta P D^4}{\ell \mu} \quad \left(\therefore Q = \frac{\pi D^4 \Delta P}{128\mu\ell}\right)$$

7-5

$u = f(V, D, r, \rho, \mu)$

$n = 6, m = 3, \Pi = 6 - 3 = 3$

반복변수 V, D, μ

$$\Pi_1 = V^a D^b \mu^c u = (LT^{-1})^a (L)^b (ML^{-1}T^{-1})^c (LT^{-1})$$
$$= L^{a+b-c+1} T^{-a-c-1} M^c$$

$a = -1, b = 0, c = 0$

$$\Pi_1 = \frac{u}{V}$$

$$\Pi_2 = V^a D^b \mu^c r = (LT^{-1})^a (L)^b (ML^{-1}T^{-1})^c (L)$$
$$= L^{a+b-c+1} T^{-a-c} M^c$$

$a = 0, b = -1, c = 0$

$$\Pi_2 = \frac{r}{D}$$

$$\Pi_3 = V^a D^b \mu^c \rho = (LT^{-1})^a (L)^b (ML^{-1}T^{-1})^c (ML^{-3})$$
$$= L^{a+b-c-3} T^{-a-c} M^{c+1}$$

$a = 1,\ b = 1,\ c = -1$

$$\Pi_3 = \frac{VD\rho}{\mu}$$

$$\therefore\ \frac{u}{V} = f\left(\frac{r}{D}, \frac{VD\rho}{\mu}\right)$$

7-6

$V = f(H, g)$

$V = kH^a g^b$

$LT^{-1} = L^a (LT^{-2})^b = L^{a+b} T^{-2b}$

$b = \dfrac{1}{2},\ \ a = \dfrac{1}{2}$

$\therefore\ \ V = k\sqrt{gH}$ (중력파의 속도)

7-7

$F_D = f(V, \ell, \mu, \rho)$

	기 호	차 원
항력	F_D	MLT^{-2}
속도	V	LT^{-1}
크기	ℓ	L
점성계수	μ	$ML^{-1}T^{-1}$
밀도	ρ	ML^{-3}

$n = 5,\ m = 3,\ \Pi = 5 - 3 = 2$개

반복변수 ρ, ℓ, V

$$\Pi_1 = \rho^a \ell^b V^c F_D$$
$$= (ML^{-3})^a (L)^b (LT^{-1})^c MLT^{-2} = M^{a+1} L^{-3a+b+c+1} T^{-c-2}$$

$a = -1,\ b = -2,\ c = -2$

$$\Pi_1 = \frac{F_D}{\rho \ell^2 V^2}$$

$$\Pi_2 = \rho^a \ell^b V^c \mu$$
$$= (ML^{-3})^a (L)^b (LT^{-1})^c ML^{-1}T^{-1} = M^{a+1} L^{-3a+b+c-1} T^{-c-1}$$

$a = -1,\ b = -1,\ c = -1$

$$\Pi_2 = \frac{\mu}{\rho \ell V}$$

$$\frac{F_D}{\rho \ell^2 V^2} = f\left(\frac{\mu}{\rho V \ell}\right) = f\left(\frac{1}{\mathrm{Re}}\right)$$

$\therefore\ \dfrac{F_D}{\rho \ell^2 V^2} = C_D$ (항력계수)로 Re의 함수이다.

7-8

$F = f(m, w, R) = k\, m^a w^b R^c$

$MLT^{-2} = M^a T^{-b} L^c$

$a = 1, b = 2, c = 1$

$F = k m R w^2$ (k 는 상수)

7-9

$F_b = f(\widetilde{V}, \gamma) = k\, \widetilde{V^a} \gamma^b$

$MLT^{-2} = L^{3a}(ML^{-2}T^{-2})^b = L^{3a-2b} M^b T^{-2b}$

$a = 1,\ b = 1$

$\therefore\ F_b = k\gamma \widetilde{V}$ ($k = 1$ 이면 $F_b = \gamma \widetilde{V}$)

7-10

이 문제에서 힘은 유량과 점성의 영향보다는 중력가속도, 수심, 비중량 등의 영향을 받는다.

$F = f(g, y_1, y_2, \gamma)$

반복변수 g, y_1, γ

$$\begin{aligned} \Pi_1 &= g^a y_1^b \gamma^c F \\ &= (LT^{-2})^a (L)^b (ML^{-2}T^{-2})^c MLT^{-2} \\ &= L^{a+b-2c+1} T^{-2a-2c-2} M^{c+1} \end{aligned}$$

$a = 0, b = -3, c = -1$

$$\Pi_1 = \frac{F}{\gamma y_1^3}$$

$$\begin{aligned} \Pi_2 &= g^a y_1^b \gamma^c y_2 \\ &= (LT^{-2})^a (L)^b (ML^{-2}T^{-2})^c L \\ &= L^{a+b-2c+1} T^{-2a-2c} M^c \end{aligned}$$

$a = 0, b = -1, c = 0$

$$\Pi_2 = \frac{y_2}{y_1}$$

$\dfrac{F}{\gamma y_1^3} = f\left(\dfrac{y_2}{y_1}\right)$ 중력가속도는 영향이 없다.

7-11

$$Q = f\left(\frac{\Delta P}{\ell}, \mu, S\right)$$

무차원수가 1개 이므로

$$L^3 T^{-1} = (ML^{-2} T^{-2})^a (ML^{-1} T^{-1})^b (L)^c$$

$$= M^{a+b} L^{-2a-b+c} T^{-2a-b}$$

$a = 1, b = -1, c = 4$

$$\Pi = \frac{\frac{\Delta P}{\ell} S^4}{Q\mu} = constant \qquad \therefore Q \propto S^4$$

S 가 2배 증가하면 Q는 2^4 즉, 16배 증가한다.

7-12

비행기의 경우 원형과 모형의 Re 수가 같아야 하므로

$(\mathrm{Re})_p = (\mathrm{Re})_m \qquad L_m = \frac{L_p}{30}$, $P_m = P_p$, $T_m = T_p$, $\nu_m = \nu_p$ 이므로

$$\left(\frac{VL}{\nu}\right)_p = \left(\frac{VL}{\nu}\right)_m$$

$$V_m = V_p\left(\frac{L_p}{L_m}\right) = 130\left(\frac{30}{1}\right) = 3900 \text{ m/s}$$

$V_m = 3900$ m/s 는 초음속 이므로 시험이 불가하다.

7-13

차원해석을 실시하자.

$F_D = f(\rho, V, L, \mu)$

반복변수 ρ, V, L 로 선정하면

$$\Pi_1 = \rho^a V^b L^c F_D = M^{a+1} L^{-3a+b+c+1} T^{-b-2}$$

$a = -1, b = -2, c = -2$

$$\Pi_1 = \frac{F_D}{\rho V^2 L^2}$$

$$\Pi_2 = \rho^a V^b L^c \mu = M^{a+1} L^{-3a+b+c-1} T^{-b-1}$$

$a = -1, b = -1, c = -1$

$$\Pi_2 = \frac{\mu}{\rho VL}$$

$$\frac{F_D}{\rho V^2 L^2} = f\left(\frac{\mu}{\rho VL}\right) = C_D(\mathrm{Re})$$

C_D를 항력계수라하며 Re의 함수이다. 따라서 잠수함의 역학적 상사에는 Re와 C_D의 상사가 이루어져야 한다.

$(\mathrm{Re})_p = (\mathrm{Re})_m \qquad (C_D)_p = (C_D)_m$

$L_p = 30 L_m$

$$V_p = V_m\left(\frac{L_m \rho_m \mu_p}{L_p \rho_p \mu_m}\right) = 60\left(\frac{L_m (1.2)(1.07\times 10^{-3})}{30L_m (1.025\times 10^3)(1.8\times 10^{-5})}\right) = 0.139 \text{ m/s}$$

$$\left(\frac{F_D}{\rho V^2 L^2}\right)_p = \left(\frac{F_D}{\rho V^2 L^2}\right)_m$$

$$\left(\frac{F_D}{1025 \times 0.139^2 \times (30L_m)^2}\right) = \left(\frac{8}{(1.2) \times (60)^2 \times L_m^2}\right)$$

$$F_D = 33.48 \text{ N}$$

7-14

13번 문제와 같은 유형의 문제이다.

$$(\text{Re})_p = (\text{Re})_m \qquad (C_D)_p = (C_D)_m$$

$$V_m = V_p\left(\frac{L_p \rho_p \mu_m}{L_m \rho_m \mu_p}\right) = 50\left(\frac{20L_m(1.2)(1.0\times10^{-3})}{L_m(1000)(1.8\times10^{-5})}\right) = 66.67 \text{ m/s}$$

$$\left(\frac{F_D}{\rho V^2 L^2}\right)_p = \left(\frac{F_D}{\rho V^2 L^2}\right)_m$$

$$(F_D)_p = (F_D)_m \frac{(\rho L^2 V^2)_p}{(\rho L^2 V^2)_m} = (10)\frac{1.2\times(20L_m)^2\times50^2}{10^3\times(L_m^2)\times66.67^2} = 2.70 \text{ kN}$$

$$L = F_D V = 2.70 \times 50 = 135.0 \text{ kW}$$

7-15

공기의 밀도를 구하자.

$$\rho_{air} = \frac{P_{air}}{R T_{air}} = \frac{400\times10^3}{287\times(273+20)} = 4.757 \text{ kg/m}^3$$

$$V_p = \frac{Q}{A} = \frac{20\times10^{-3}}{\frac{\pi}{4}\times0.2^2} = 0.637 \text{ m/s}$$

$$(\text{Re})_p = (\text{Re})_m$$

$$(\text{Re})_p = \left(\frac{\rho V D}{\mu}\right)_p = \frac{1000\times0.637\times0.2}{1.0\times10^{-3}} = 127400$$

$$127400 = \frac{V_m\times4.757\times0.05}{1.8\times10^{-5}} \qquad V_m = 9.641 \text{ m/s}$$

$$G = \gamma A V = 4.757\times9.8\times\frac{\pi}{4}\times0.05^2\times9.641 = 0.882 \text{ N/s}$$

7-16

$$(\text{Re})_p = (\text{Re})_m \qquad \left(\frac{V\ell}{\nu}\right)_p = \left(\frac{V\ell}{\nu}\right)_m$$

$$V_p = \frac{50\times10^3}{3600} = 13.9 \text{ m/s}$$

$$\ell_p = \frac{200}{3}\ell_m$$

선박의 경우는 Fr 수가 같아야 하므로

$$\left(\frac{V}{\sqrt{g\ell}}\right)_p = \left(\frac{V}{\sqrt{g\ell}}\right)_m$$

$$V_m = \frac{V_p}{\sqrt{g\ell_p}}\sqrt{g\ell_m} = 13.9\sqrt{\frac{3\ell_m}{200\ell_m}} = 1.70 \text{ m/s}$$

$$\nu_m = V_m\ell_m\left(\frac{\nu_p}{V_p\ell_p}\right) = 1.7\times 3\ell_m\left(\frac{1.17\times10^{-6}}{13.9\times200\ell_m}\right)$$

$$= 2.14\times10^{-9} \text{ m}^2/\text{s}$$

(불가능한 물질이다)

7-17

$(\text{Re})_p = (\text{Re})_m$

원형: $\text{Re}_{min} = \dfrac{VD}{\nu} = \dfrac{1.5\times0.5}{9.96\times10^{-7}} = 7.53\times10^5$

$\text{Re}_{max} = \dfrac{VD}{\nu} = \dfrac{3.0\times0.5}{9.96\times10^{-7}} = 1.50\times10^6$

모형: $7.53\times10^5 = \dfrac{V_{min}\times0.2}{1.57\times10^{-5}}$ $\quad V_{min} = 59.1 \text{ m/s}$

$1.50\times10^6 = \dfrac{V_{max}\times0.2}{1.57\times10^{-5}}$ $\quad V_{max} = 117.8 \text{ m/s}$

$$Q_{min} = A\,V_{min} = \left(\frac{\pi}{4}\times0.2^2\right)59.1 = 1.86 \text{ m}^3/\text{s}$$

$$Q_{max} = A\,V_{max} = \left(\frac{\pi}{4}\times0.2^2\right)117.8 = 3.70 \text{ m}^3/\text{s}$$

7-18

$(\text{Re})_p = (\text{Re})_m$

$$\text{Re} = \frac{VD}{\nu} = \frac{\left(\frac{D}{2}\right)\omega D}{\nu} = \frac{D^2\omega}{2\nu} \quad (\omega \text{ 각속도})$$

$$\left(\frac{D^2\omega}{2\nu}\right)_p = \left(\frac{D^2\omega}{2\nu}\right)_m = \frac{4D_p^2\omega_m}{2\nu_m}$$

$$\omega_m = \left(\frac{D^2\omega}{2\nu}\right)_p\left(\frac{2\nu_m}{4D_p^2}\right) = \left(\frac{D^2\times157}{2\times1.745\times10^{-4}}\right)\left(\frac{1.5\times10^{-5}}{2\times D^2}\right) = 3.37 \text{ rad/s}$$

$$\omega_p = \frac{2\pi N}{60} = \frac{2\pi\times1500}{60} = 157 \text{ rad/s}$$

$$N_m = \frac{\omega_m\times60}{2\pi} = \frac{3.37\times60}{2\pi} = 32.20 \text{ rpm}$$

7-19

$$\text{Fr} = \frac{V}{\sqrt{gL}}$$

$$V_p = V_m\frac{(\sqrt{gL})_p}{(\sqrt{gL})_m} = V_m\sqrt{\frac{L_p}{L_m}} = 0.8\sqrt{\frac{25}{1}} = 4 \text{ m/s}$$

$$\frac{Q_p}{Q_m} = \frac{A_p V_p}{A_m V_m} = \left(\frac{L_p}{L_m}\right)^2 \frac{V_p}{V_m} = 25^2 \times \frac{4}{0.8} = 3125$$

$\therefore \; Q_p = 3125 \times 0.068 = 212.5 \text{ m}^3/\text{s}$

7-20

$$\left(\frac{VD}{\nu}\right)_p = \left(\frac{VD}{\nu}\right)_m$$

$$V_m = \frac{D_p \nu_m}{D_m \nu_p} V_p = \frac{300 \times 1.15 \times 10^{-5}}{30 \times 3.2 \times 10^{-5}} \times 4 = 14.38 \text{ m/s}$$

압력의 상사는 Eu가 같아야 한다.

$$\left(\frac{\Delta P}{\rho V^2}\right)_p = \left(\frac{\Delta P}{\rho V^2}\right)_m$$

$$\Delta P_p = \frac{\rho_p V_p^2}{\rho_m V_m^2} \Delta P_m = \frac{0.9 \times 10^3 \times 4^2}{10^3 \times 14.38^2} \times 10 = 0.70 \text{ kPa}$$

7-21

조파저항이 작용하는 배의 모형실험에서는 Froude 수가 같아야 한다.

$$\left(\frac{V}{\sqrt{g\ell}}\right)_p = \left(\frac{V}{\sqrt{g\ell}}\right)_m$$

$$V_p = V_m \sqrt{\frac{\ell_p}{\ell_m}} = 5\sqrt{20} = 22.36 \text{ m/s}$$

항력이 작용하는 경우는 항력계수 C_D가 동일해야 역학적 상사가 성립한다.

$$C_D = \frac{F_D}{\frac{1}{2}\rho V^2 A}$$

$$(F_D)_p = (F_D)_m \frac{A_p}{A_m}\left(\frac{V_p}{V_m}\right)^2 = (F_D)_m \left(\frac{\ell_p}{\ell_m}\right)^2 \left(\frac{V_p}{V_m}\right)^2$$

$$= 15 \times (20)^2 \times \left(\frac{22.36}{5}\right)^2 = 19.99 \text{ kN}$$

7-22

조류는 중력이 작용하여 발생하는 현상으로 Fr 수가 같아야 한다.

$$\text{F}_\text{r} = \frac{V}{\sqrt{gL}} \qquad \left(\frac{V}{\sqrt{gL}}\right)_p = \left(\frac{V}{\sqrt{gL}}\right)_m$$

모형과 원형의 비교속도를 구하자.

$$V_r = \frac{V_p}{V_m} = (\sqrt{gL})_r \qquad T_r = \frac{L_r}{V_r} = \frac{L_r}{(\sqrt{gL})_r}$$

$$\frac{T_p}{T_m} = \frac{\left(\frac{L}{\sqrt{gL}}\right)_p}{\left(\frac{L}{\sqrt{gL}}\right)_m}$$

지구상의 모형

$$\frac{1\,day}{T_m} = \frac{\left(\frac{L}{\sqrt{gL}}\right)_p}{\left(\frac{\frac{L_p}{300}}{\sqrt{g\frac{L_p}{300}}}\right)} = 17.32 \qquad T_m = 0.0578\ \text{day} = 1.39\,\text{hr}$$

달에서의 모형

$$\frac{1\,day}{T_m} = \frac{\left(\frac{L}{\sqrt{gL}}\right)_p}{\left(\frac{\frac{L_p}{300}}{\sqrt{\left(\frac{g_p}{\gamma}\right)\left(\frac{L_p}{300}\right)}}\right)} = 7.07$$

$T_m = 0.1414\ \text{day} = 3.39\ \text{hr}$

7-23

초음속 물체이므로 Ma 수가 같아야 한다.

$$\mathrm{M_a} = \frac{\mathrm{V}}{\mathrm{c}} = \frac{\mathrm{V}}{\sqrt{\frac{\mathrm{P}}{\rho}}}$$

$P_m = 101.3\ \text{kPa} \quad \rho_m = 1.2\ \text{kg/m}^3$

부록에서 2500 m 상공의 공기는

$P_p = 74.7\ \text{kPa} \quad \rho_p = 0.96\ \text{kg/m}^3$

$$\frac{V_m}{\sqrt{\frac{101.3\times10^3}{1.2}}} = \frac{500}{\sqrt{\frac{74.7\times10^3}{0.96}}}$$

$\therefore\ V_m = 520.79\ \text{m/s}$

7-24

초음속 물체이므로 Ma 수가 같아야 한다.

$$\mathrm{M_a} = \frac{\mathrm{V}}{\mathrm{c}} = \frac{\mathrm{V}}{\sqrt{\frac{\mathrm{P}}{\rho}}} \qquad \rho = \frac{P}{RT}$$

원형

$$\rho_p = \frac{P}{RT} = \frac{138\times10^3}{287\times(273+30)} = 1.59\ \text{kg/m}^3$$

$$\mathrm{M_p} = \frac{400}{\sqrt{\frac{138\times10^3}{1.59}}} = 1.36$$

모형

$$\rho_m = \frac{P}{RT} = \frac{190\times10^3}{287\times(273+50)} = 2.05\ \text{kg/m}^3$$

$$\mathrm{M_m} = \frac{V_m}{\sqrt{\dfrac{190\times10^3}{2.05}}} = 1.36$$

$\therefore\ V_m = 414.04\ \mathrm{m/s}$

7-25

$(\mathrm{Fr})_\mathrm{p} = (\mathrm{Fr})_\mathrm{m}$ $\qquad$ $\mathrm{Fr} = \dfrac{V}{\sqrt{gL}}$

$$\frac{V_p}{V_m} = \sqrt{\frac{L_p}{L_m}}$$

시간비를 구하면

$$\frac{\dfrac{L_p}{t_p}}{\dfrac{L_m}{t_m}} = \frac{V_p}{V_m} = \sqrt{\frac{L_p}{L_m}} \qquad \frac{t_p}{t_m} = \frac{L_p}{L_m}\sqrt{\frac{L_m}{L_p}}$$

$$t_p = t_m\frac{L_p}{L_m}\sqrt{\frac{L_m}{L_p}} = 1\times25\sqrt{\frac{1}{25}} = 5\ \mathrm{min}$$

$$\frac{Q_p}{Q_m} = \frac{(AV)_p}{(AV)_m} = \frac{L_p^2}{L_m^2}\sqrt{\frac{L_p}{L_m}} = \left(\frac{L_p}{L_m}\right)^{\frac{5}{2}} = (25)^{\frac{5}{2}}$$

$$Q_p = 0.15\times(25)^{\frac{5}{2}} = 468.75\ \mathrm{m^3/s}$$

7-26

강 하구언이므로

$(\mathrm{Fr})_\mathrm{p} = (\mathrm{Fr})_\mathrm{m}$ $\qquad$ $\mathrm{Fr} = \dfrac{V}{\sqrt{gL}}$

$$\frac{V_p}{V_m} = \sqrt{\frac{L_p}{L_m}} \qquad \frac{\dfrac{L_p}{t_p}}{\dfrac{L_m}{t_m}} = \frac{V_p}{V_m} = \sqrt{\frac{L_p}{L_m}} \qquad \frac{t_m}{t_p} = \sqrt{\frac{L_m}{L_p}}$$

$$V_m = V_p\sqrt{\frac{L_m}{L_p}} = 8\sqrt{\frac{1}{400}} = 0.4\ \mathrm{m/s}$$

$$t_m = t_p\sqrt{\frac{L_m}{L_p}} = 11\sqrt{\frac{1}{400}} = 0.55\ \mathrm{hr} = 33\,\mathrm{min}$$

7-27

$(\mathrm{Re})_\mathrm{p} = (\mathrm{Re})_\mathrm{m}$ $\qquad$ $\left(\dfrac{VL}{\nu}\right)_p = \left(\dfrac{VL}{\nu}\right)_m$

$$\frac{V_p}{V_m} = \frac{L_m}{L_p} \qquad V_p = V_m\frac{L_m}{L_p} = 20\times\frac{1}{30} = 0.67\ \mathrm{m/s}$$

$T = (F\times r) \propto (\rho V^2 A\times L)$ 이므로

$$\frac{T_m}{T_p} = \frac{\rho_m V_m^2 A_m L_m}{\rho_p V_p^2 A_p L_p} = \frac{L_m}{L_p}$$

$$\therefore\ T_p = T_m \frac{L_p}{L_m} = 8 \times \frac{30}{1} = 240\ \text{N}\cdot\text{m}$$

7-28

$(\mathrm{Re})_p = (\mathrm{Re})_m \qquad V = r\omega$ 이므로

$$\mathrm{Re} = \frac{\rho VD}{\mu} \propto \frac{\rho D^2 \omega}{\mu}$$

$$\omega_p = \omega_m \frac{(\rho D^2)_m}{(\rho D^2)_p}\left(\frac{\mu_p}{\mu_m}\right) = 190\left(\frac{920 \times D_m^2}{790 \times 16 D_m^2}\right)\left(\frac{0.0012}{0.3}\right) = 0.055\ \text{rad/s}$$

$$N = \frac{60\,\omega_p}{2\pi} = 0.53\ \text{rpm}$$

7-29

중력비

$$\frac{W_m}{W_p} = \frac{(\gamma L^3)_m}{(\gamma L^3)_p} = \frac{(\rho L^3)_m}{(\rho L^3)_p}$$

관성력의 비

$$\frac{F_m}{F_p} = \frac{(Ma)_m}{(Ma)_p} = \frac{(\rho L^4 T^{-2})_m}{(\rho L^4 T^{-2})_p}$$

역학적 상사가 되기 위해서는

$$\frac{W_m}{W_p} = \frac{F_m}{F_p} \qquad \frac{(\rho L^3)_m}{(\rho L^3)_p} = \frac{(\rho L^4 T^{-2})_m}{(\rho L^4 T^{-2})_p} \qquad \frac{T_p}{T_m} = \sqrt{\frac{L_p}{L_m}}$$

$$\frac{Q_m}{Q_p} = \frac{\left(\frac{L^3}{T}\right)_m}{\left(\frac{L^3}{T}\right)_p} = \sqrt{\frac{L_p}{L_m}}\,\frac{L_m^3}{L_p^3} = \left(\frac{L_m}{L_p}\right)^{\frac{5}{2}}$$

7-30

중력이 주요 힘이므로

$$(\mathrm{Fr})_p = (\mathrm{Fr})_m \qquad \mathrm{Fr} = \frac{V}{\sqrt{gL}}$$

$$\frac{V_p}{V_m} = \sqrt{\frac{L_p}{L_m}} \qquad V_p = V_m\sqrt{\frac{L_p}{L_m}} = 2\sqrt{\frac{48}{3}} = 8\ \text{m/s}$$

$$F \propto \rho V^2 A = \rho L^3$$

$$\frac{F_m}{F_p} = \frac{(\rho L^3)_m}{(\rho L^3)_p}$$

$$F_p = F_m \frac{(\rho L^3)_p}{(\rho L^3)_m} = 45 \times \frac{1025}{1000} \times 16^3 = 188.93 \text{ kN}$$

7-31

중력이 주요 힘이므로

$(\mathrm{Fr})_\mathrm{p} = (\mathrm{Fr})_\mathrm{m}$ $\qquad \mathrm{Fr} = \dfrac{V}{\sqrt{gL}}$

배출유량을 Q라 하면

$$Q \propto AV = L^2 V = L^2 \sqrt{L} = L^{\frac{5}{2}}$$

$$\frac{V_p}{V_m} = \sqrt{\frac{L_p}{L_m}} \qquad \frac{Q_m}{Q_p} = \left(\frac{L_m}{L_p}\right)^{\frac{5}{2}}$$

탱크의 부피를 각각 $\widetilde{V_p}$, $\widetilde{V_m}$ 또 시간을 t 라 하면

$$\frac{\widetilde{V_m}}{\widetilde{V_p}} = \left(\frac{L_m}{L_p}\right)^3 = \frac{(Qt)_m}{(Qt)_p}$$

$$\frac{t_m}{t_p} = \frac{Q_p L_m^3}{Q_m L_p^3} = \frac{L_p^{\frac{5}{2}} L_m^3}{L_m^{\frac{5}{2}} L_p^3} = \left(\frac{L_m}{L_p}\right)^{\frac{1}{2}}$$

$$t_p = t_m \left(\frac{L_p}{L_m}\right)^{\frac{1}{2}} = 5\sqrt{100} = 50 \text{ min}$$

7-32

모형

$\dfrac{P_1 - P_2}{\gamma} = 60 \qquad P_1 - P_2 = 588 \text{ kPa} \qquad \rho = 1000 \text{ kg/m}^3$

$\mu = 0.001 \text{ N} \cdot \text{s/m}^2 \qquad \ell = 1$ (길이)

원형(공기)

$\rho = 1.2 \text{ kg/m}^3 \qquad \mu = 1.8 \times 10^{-5} \text{ N} \cdot \text{s/m}^2 \qquad \ell = 15$

원형과 모형의

$(\mathrm{Re})_\mathrm{p} = (\mathrm{Re})_\mathrm{m} \qquad \dfrac{1000 \times 24 \times 1}{0.001} = \dfrac{1.2 \times V_p \times 15}{1.8 \times 10^{-5}}$

$V_p = 24 \text{ m/s}$

Eu 수가 같아야 하므로

$$\left(\frac{\Delta P}{\rho V^2}\right)_p = \left(\frac{\Delta P}{\rho V^2}\right)_m$$

$$\Delta P_p = \left(\frac{\Delta P}{\rho V^2}\right)_m (\rho V^2)_p = \left(\frac{588}{1000 \times 24^2}\right)(1.2 \times 24^2) = 705.6 \text{ Pa}$$

7-33

항력계수 $C_D = \dfrac{F}{\dfrac{1}{2}\rho V^2 A} = \dfrac{F}{\dfrac{1}{2}\rho V^2 L^2}$

$(C_D)_p = (C_D)_m \quad \dfrac{L_m}{L_p} = \dfrac{1}{16} \quad \left(\dfrac{F}{\rho V^2 L^2}\right)_p = \left(\dfrac{F}{\rho V^2 L^2}\right)_m$

$V_p^2 = \left(\dfrac{\rho V^2 L^2}{F}\right)_m \left(\dfrac{F}{\rho L^2}\right)_p = \left(\dfrac{10^3\times 5^2\times L^2}{1500}\right)\left(\dfrac{800}{1\times(16L)^2}\right)$

$V_p = 7.22$ m/s

7-34

6000m 상공의 공기의 상태는 부록에서 (음속은 c 로 표기)

$\rho_p = 0.66$ kg/m^3 $\quad T_p = 249.2$ K $\quad \mu = 1.60\times 10^{-5}$ Pa • s $\quad c_p = 316.5$ m/s (음속)

$\mathrm{Ma} = \dfrac{\mathrm{V}}{\mathrm{c}} \quad (\mathrm{Ma})_\mathrm{p} = (\mathrm{Ma})_\mathrm{m} \quad \dfrac{c_m}{c_p} = \dfrac{V_m}{V_p}$

15℃ 공기의 음속은 $c_m = \sqrt{kRT} = \sqrt{1.4\times 287\times 288} = 340.2$ m/s

$\mu_m = 1.80\times 10^{-5}$ N • s/m^2

$V_m = V_p\dfrac{c_m}{c_p} = 220\times\dfrac{340.2}{316.5} = 236.5$ m/s

$(\mathrm{Re})_\mathrm{p} = (\mathrm{Re})_\mathrm{m}$ 이므로 $\left(\dfrac{\rho VL}{\mu}\right)_p = \left(\dfrac{\rho VL}{\mu}\right)_m$

$\rho_m = \left(\dfrac{\rho VD}{\mu}\right)_p\left(\dfrac{\mu}{VD}\right)_m = \left(\dfrac{0.66\times 220\times 15L}{1.60\times 10^{-5}}\right)\left(\dfrac{1.80\times 10^{-5}}{236.5\times L}\right) = 10.36$ kg/m^3

$P_m = \rho_m R T_m = 10.36\times 287\times(273+15) = 856.3$ kPa

7-35

차원해석을 실시하여 변수사이의 관계를 규명하자.

$\tau = f(V, D, \rho, \mu)$

에서 $n = 5, m = 3$ 이므로 Π의 숫자는 2개이다. 반복변수를 V, D, ρ로 하여 무차원수를 구하자.

$\Pi_1 = V^a D^b \rho^c \tau = (LT^{-1})^a (L)^b (ML^{-3})^c (ML^{-1}T^{-2})$

$0 = L^{a+b-3c-1}T^{-a-2}M^{c+1} \quad a=-2, b=0, c=-1$

$\Pi_1 = \dfrac{\tau}{\rho V^2}$

$\Pi_2 = V^a D^b \rho^c \mu = (LT^{-1})^a (L)^b (ML^{-3})^c (ML^{-1}T^{-1})$

$0 = L^{a+b-3c-1}T^{-a-1}M^{c+1} \quad a=-1, b=-1, c=-1$

$\Pi_2 = \dfrac{\mu}{\rho VD}$

$$\frac{\tau}{\rho V^2} = f\left(\frac{\mu}{\rho VD}\right)$$

$\tau/\rho V^2$	$\rho VD/\mu$
0.00400	8909
0.00471	5776
0.00534	2960
0.00401	1970
0.00537	1471
0.00804	981

위 그래프는 주어진 데이터를 이용하여 얻어진 무차원수 $\tau/\rho V^2$과 $\rho VD/\mu$(Re)의 관계를 나타내는 것으로 어떤 점성유체에 대해서도 적용가능하며 Re 2000과 3000 사이에서 불연속이 되는 것은 층류에서 난류로 천이되기 때문으로 보인다.

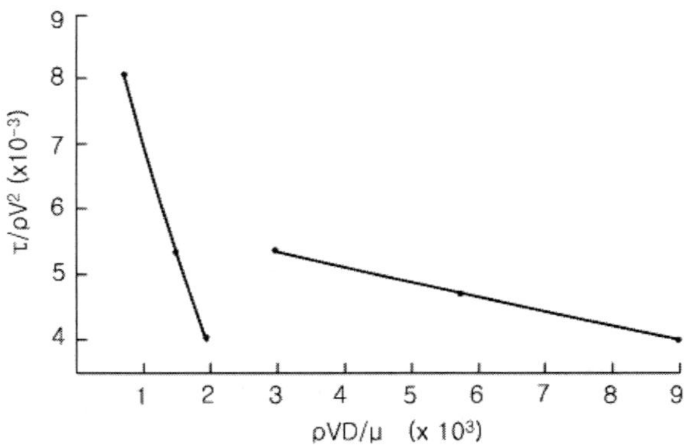

7-36

각각의 차원

$P=[ML^2T^{-3}]$ $V=[LT^{-1}]$ $\rho=[ML^{-3}]$ $\mu=[ML^{-1}T^{-1}]$

$c=[LT^{-1}]$ $\omega=[T^{-1}]$ $D=[L]$

무차원수 Π수 $= n-m=7-3=4$

반복변수 V, D, ρ 로 선정하자.

$$\Pi_1 = V^a D^b \rho^c P$$

$$L^0M^0T^0 = (LT^{-1})^a (L)^b (ML^{-3})^c (ML^2T^{-3})$$

$$= L^{a+b-3c+2} M^{c+1} T^{-a-3}$$

$$a=-3, b=-2, c=-1$$

$$\Pi_1 = \frac{P}{V^3D^2\rho}$$

$$\Pi_2 = V^a D^b \rho^c \mu = \frac{\mu}{\rho VD}$$

$$\Pi_3 = V^a D^b \rho^c c = \frac{c}{V}$$

$$\Pi_2 = V^a D^b \rho^c \omega = \frac{\omega D}{V}$$

7-37

$F = f(g, \rho, V, D)$ 에서 총변수 5개 기본차원3개이므로 무차원수는 2개이다. 반복변수를 D, ρ, V로하여 차원해석을 실시하자.

$$\Pi_1 = F / D^a \rho^b V^c \qquad a = 2, b = 1, c = 2 \qquad \Pi_1 = \frac{F}{\rho V^2 D^2}$$

$$\Pi_2 = g / D^a \rho^b V^c \qquad a = -1, b = 0, c = 2 \qquad \Pi_2 = \frac{gD}{V^2}$$

$$\frac{F}{\rho V^2 D^2} = f\left(\frac{gD}{V^2}\right)$$

7-38

$$\left(\frac{gD}{V^2}\right)_p = \left(\frac{gD}{V^2}\right)_m \quad \left(\frac{V_m}{V_p}\right)^2 = \left(\frac{D_m}{D_p}\right)$$

$$\left(\frac{F}{\rho V^2 D^2}\right)_p = \left(\frac{F}{\rho V^2 D^2}\right)_m \qquad F_p = F_m\left(\frac{V_p^2 D_p^2}{V_m^2 D_m^2}\right) = F_m\left(\frac{D_p D_p^2}{D_m D_m^2}\right) = F_m\left(\frac{D_p}{D_m}\right)^3 = 6.25 \text{ kN}$$

7-39

위가 열려있는 탱크이므로 Fr 수를 이용하자.

$$Fr = \frac{V}{\sqrt{gL}} = \frac{\frac{L}{t}}{\sqrt{gL}} = \frac{\sqrt{L}}{t\sqrt{g}}$$

$$(Fr)_p = (Fr)_m \quad \left(\frac{\sqrt{L}}{t\sqrt{g}}\right)_p = \left(\frac{\sqrt{L}}{t\sqrt{g}}\right)_m \quad \frac{t_m}{t_p} = \sqrt{\frac{L_m}{L_p}}$$

$$t_p = t_m \sqrt{\frac{L_p}{L_m}} = 10\sqrt{9} = 30 \text{ min}$$

제 8 장

8-1

$$\mathrm{Re} = \frac{VD}{\nu} \qquad V = \frac{Q}{A} = \frac{4\times 0.001}{\pi\times 0.1^2} = 0.13\ \mathrm{m/s}$$

(1) $\mathrm{Re} = \frac{VD}{\nu} = \frac{0.13\times 0.1}{1.005\times 10^{-6}} = 12935$ (난류)

(2) $\mathrm{Re} = \frac{VD}{\nu} = \frac{0.13\times 0.1}{1.08\times 10^{-4}} = 120$ (층류)

(3) $\mathrm{Re} = \frac{VD}{\nu} = \frac{0.13\times 0.1}{1.5\times 10^{-5}} = 866$ (층류)

(4) $\mathrm{Re} = \frac{VD}{\nu} = \frac{0.13\times 0.1}{1.15\times 10^{-7}} = 113043$ (난류)

8-2

$$\mathrm{Re}_c = 2100 = \frac{VD}{\nu}$$

$$V = 2100\times\frac{1.005\times 10^{-6}}{0.03} = 7\ \mathrm{cm/s}$$

8-3

C에서 층류로 흐르는 속도는

$$2100 = \frac{V_c D_c}{\nu}$$

$$V_c = 2100\times\frac{\nu}{D_c} = 2100\times\frac{0.555\times 10^{-6}}{0.008} = 0.15\ \mathrm{m/s}$$

$$Q_c = \frac{\pi}{4}\times 0.008^2\times 0.15 = 7.5\ \mathrm{m}\ell/\mathrm{s} \qquad Q_B = Q_c - Q_A = 3.5\ \mathrm{m}\ell/\mathrm{s}$$

$$V_A = \frac{Q_A}{A_A} = \frac{4\times 4\times 10^{-6}}{\pi\times 0.006^2} = 0.14\ \mathrm{m/s} \qquad V_B = \frac{Q_B}{A_B} = \frac{4\times 3.5\times 10^{-6}}{\pi\times 0.005^2} = 0.18\ \mathrm{m/s}$$

$$\mathrm{Re_A} = \frac{0.14\times 0.006}{0.555\times 10^{-6}} = 1513\ (\text{층류})$$

$$\mathrm{Re_B} = \frac{0.18\times 0.005}{0.555\times 10^{-6}} = 1621\ (\text{층류})$$

8-4

2,3 사이에 Bernoulli Eq.을 적용하면

$$\frac{P_2}{\gamma} + \frac{V_2^2}{2g} + 0 = 0 + \frac{V_3^2}{2g} + 0 + h_L$$

$V_2 = V_3$ 이므로 $h_L = \frac{P_2}{\gamma}$

Hagen-Poiseuilli 공식에서

$$Q = \frac{\pi D^4 \gamma h_L}{128 \mu L}$$

$$h_L = \frac{128 Q \mu L}{\pi D^4 \gamma} = \frac{128\left(\frac{\pi D^2}{4} V_2\right)\mu L}{\pi D^4 \rho g} = \frac{32 V_2 \nu L}{g D^2}$$

$$= \frac{32 V_2 \times 9.2 \times 10^{-5} \times 40}{9.8 \times 0.08^2} = 1.88 V_2$$

$$1.88 V_2 = \frac{P_2}{\gamma} \qquad (1)$$

1,2에 Bernoulli Eq.을 적용하자

$$0 + 0 + 4 = \frac{P_2}{\gamma} + \frac{V_2^2}{2g} + 0$$

$$\frac{P_2}{\gamma} = 4 - \frac{V_2^2}{2g} \qquad (2)$$

(1) = (2) 이므로

$$1.88 V_2 = 4 - \frac{V_2^2}{2g} \qquad V_2^2 + 36.8 V_2 - 78.4 = 0$$

$$V_2 = \frac{-36.8 \pm \sqrt{36.8^2 + (4 \times 78.4)}}{2} = 2.02 \text{ m/s}$$

$$\text{Re} = \frac{VD}{\nu} = \frac{2.02 \times 0.08}{9.2 \times 10^{-5}} = 1756$$

$$Q = \frac{\pi}{4} 0.08^2 \times 2.02 = 0.01 \text{ m}^3/\text{s}$$

8-5

먼저 Re 를 구하여 유동상태를 확인하자.

$$\text{Re} = \frac{VD}{\nu} = \frac{1.2 \times 0.06}{0.0017} = 43 < 2100 \text{ (층류)}$$

$$Q = \frac{\pi D^4 \Delta P}{128 \mu \ell} \qquad Q = A V = \frac{\pi}{4} 0.06^2 \times 1.2 = 0.0034 \text{ m}^3/\text{s}$$

$$\Delta P = \frac{128 \mu \ell Q}{\pi D^4} = \frac{128 \times 1263 \times 0.0017 \times 15 \times 0.0034}{\pi \times 0.06^4} = 344.4 \text{ kPa}$$

손실동력은

$$L = \gamma Q h_L = Q \Delta P = 0.0034 \times 344.4 = 1.2 \text{ kW}$$

8-6

두 탱크의 수면에 Bernoulli Eq. 적용하자.

$$0 + 0 + 8 = 0 + 0 + 0 + h_L$$

$$h_L = 8 \text{ m}$$

단위 길이당 손실수두 $\frac{h_L}{\ell} = \frac{8}{20} = 0.4 \text{ m/m}$

층류로 가정하자.

$$Q = \frac{\pi D^4 \gamma h_L}{128 \mu \ell} = \frac{\pi \times 0.012^4 \times 1.025 \times 9800 \times 8}{128 \times 8.0 \times 10^{-2} \times 20} = 2.6 \times 10^{-5}\ \mathrm{m^3/s}$$

$$V = \frac{Q}{A} = \frac{4 \times 2.6 \times 10^{-5}}{\pi \times 0.012^2} = 0.23\ \mathrm{m/s}$$

$$\mathrm{Re} = \frac{\rho V D}{\mu} = \frac{1.025 \times 10^3 \times 0.23 \times 0.012}{8.0 \times 10^{-2}} = 35 < 2100\ (\text{층류})$$

$$\therefore\ \frac{h_L}{\ell} = 0.4\ \mathrm{m/m},\quad Q = 2.6 \times 10^{-5}\ \mathrm{m^3/s}$$

8-7

유체의 유동방향이 A --> B 이면 다음과 같다.

$$\frac{P_A}{\gamma} + \frac{V_A^2}{2g} + z_A = \frac{P_B}{\gamma} + \frac{V_B^2}{2g} + z_B + h_L \qquad V_A = V_B \text{ 이므로}$$

(1) $\frac{138}{4.7} + 7.6 = \frac{207}{4.7} + h_L$

$h_L = -7.08\ \mathrm{m}$

∴ 손실수두가 "-" 이므로 유동방향은 B --> A 이다. 손실수두는 $h_L = 7.08\ \mathrm{m}$

(2) $\frac{138}{15.7} + 7.6 = \frac{207}{15.7} + h_L$

$h_L = 3.21\ \mathrm{m}$

∴ 유동방향은 A --> B 이다. 손실수두는 $h_L = 3.21\ \mathrm{m}$

8-8

$$H_A = \frac{P_A}{\gamma} + \frac{V_A^2}{2g} + z_A = \frac{270}{8.8 \times 9.8} + \frac{V_A^2}{2g} + 12 \sin 30 = \frac{V_A^2}{2g} + 9.1$$

$$H_B = \frac{P_B}{\gamma} + \frac{V_B^2}{2g} + z_B = \frac{370}{8.8 \times 9.8} + \frac{V_B^2}{2g} + 0 = \frac{V_B^2}{2g} + 4.3$$

$V_A = V_B$ 이므로 $H_A > H_B$ 따라서 유동방향은 A --> B 이다.

$$h_L = H_A - H_B = 9.1 + \frac{V_A^2}{2g} - 4.3 - \frac{V_B^2}{2g} = 4.8\ \mathrm{m}$$

손실수두 $h_L = 4.8\ \mathrm{m}$

$$Q = \frac{\pi D^4 \gamma h_L}{128 \mu \ell} = \frac{\pi \times 0.08^4 \times g \times 4.8}{128 \times 2.1 \times 10^{-4} \times 12} = 0.019\ \mathrm{m^3/s}$$

$$V = \frac{Q}{A} = \frac{4 \times 0.019}{\pi \times 0.08^2} = 3.78\ \mathrm{m/s}$$

$$\mathrm{Re} = \frac{VD}{\nu} = \frac{3.78 \times 0.08}{2.1 \times 10^{-4}} = 1440 < 2100\ (\text{층류})$$

8-9

식(8.4.11)에서 $Q = \frac{H^3}{12\mu} \frac{\Delta P}{L}$

$$\Delta P = \frac{12\mu L Q}{H^3} = \frac{12 \times 1.41 \times 5 \times 5.5 \times 10^{-3}}{0.06^3} = 2.15 \text{ kPa}$$

8-10

A,B에 Bernoulli Eq.을 적용하자.

$$\frac{P_A}{\gamma} + \frac{V_A^2}{2g} + z_A = \frac{P_B}{\gamma} + \frac{V_B^2}{2g} + z_B + h_L$$

$V_A = V_B$, $z_B = 0$ 이므로

$$\Delta P = \gamma h_L = (P_A - P_B) + \gamma z_A = 80 + (0.85 \times 9.8 \times 5) = 121.65 \text{ kPa}$$

층류로 가정하면

$$Q = \frac{\pi D^4 \Delta P}{128 \mu L} = \frac{\pi \times 0.022^4 \times 121.65 \times 10^3}{128 \times 0.06 \times 10}$$

$$= 0.0012 \text{ m}^3/\text{s} = 1.2 \ \ell/\text{s}$$

$$V = \frac{Q}{A} = \frac{4 \times 1.2 \times 10^{-3}}{\pi \times 0.022^2} = 3.07 \text{ m/s}$$

$$\text{Re} = \frac{\rho V D}{\mu} = \frac{850 \times 3.07 \times 0.022}{0.06} = 957 < 2100 \text{ (층류)}$$

8-11

층류로 흐르므로

$$Q = \frac{\pi R^4 \Delta P}{8 \mu \ell}$$

$$V = \frac{Q}{A} = \left(\frac{\pi R^4 \Delta P}{8\mu\ell}\right)\left(\frac{1}{\pi R^2}\right) = \frac{R^2 \Delta P}{8 \mu \ell}$$

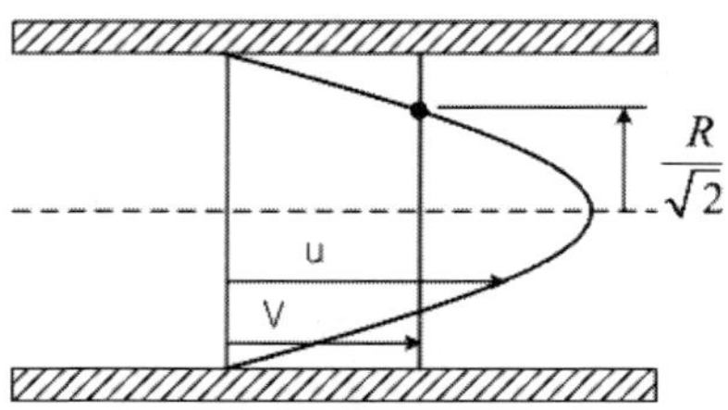

층류 속도분포 $u = \frac{1}{4\mu}\frac{\Delta P}{\ell}(R^2 - r^2)$

두 속도가 같은 점 이므로 $V = u$

$$\frac{R^2 \Delta P}{8\mu\ell} = \frac{1}{4\mu}\frac{\Delta P}{\ell}(R^2 - r^2)$$

$$r = \frac{R}{\sqrt{2}} = \frac{5}{\sqrt{2}} = 3.54 \text{ cm (중심으로부터)}$$

8-12

20℃의 물 $\mu = 0.001 \text{ N} \cdot \text{s/m}^2$

$$Q = \frac{\pi D^4 \Delta P}{128 \mu \ell} = \frac{\pi \times 0.02^4 \times 80}{128 \times 0.001 \times 10} = 3.14 \times 10^{-5} \text{ m}^3/\text{s}$$

$$V = \frac{Q}{A} = \frac{4 \times 3.14 \times 10^{-5}}{\pi \times 0.02^2} = 0.1 \text{ m/s}$$

최대 속도는 평균속도의 2배 이므로

$$u_{max} = 2V = 0.1 \times 2 = 0.2 \text{ m/s}$$

8-13

$$u_{max} = \frac{R^2}{4\mu}\frac{\Delta P}{L} \qquad \frac{\Delta P}{L} = \frac{4\mu u_{max}}{R^2} = \frac{4\times0.72\times5}{0.15^2} = 640\ \text{Pa/m}$$

$$\tau = \frac{r}{2}\frac{\Delta P}{L}$$

$$\tau_{r=0.1} = \frac{0.1}{2}\times640 = 32\ \text{N/m}^2$$

$$\tau_w = \frac{0.15}{2}\times640 = 48\ \text{N/m}^2$$

■ 8-14

$$\text{Re} = \frac{\rho VH}{\mu} = \frac{890\times5\times0.022}{0.44} = 222.5 < 2100\ (\text{층류})$$

압력이 일정하므로 $\frac{\Delta P}{\ell} = 0$ 이고 속도 분포는

$$u = \frac{V}{H}y \qquad \frac{du}{dy} = \frac{V}{H}$$

$$\tau = \mu\frac{du}{dy} = \mu\frac{V}{H} = 0.44\times\frac{5}{0.022} = 100\ \text{N/m}^2$$

■ 8-15

1, 2 사이에 Bernoulli Eq.을 적용하기 위해서

$$V_2 = \frac{Q}{A_2} = \frac{4\times0.5\times10^{-6}}{\pi\times(0.3\times10^{-3})^2} = 7.08\ \text{m/s}$$

$$\text{Re} = \frac{\rho VD}{\mu} = \frac{900\times7.08\times0.3\times10^{-3}}{0.002} = 955 < 2100\ (\text{층류})$$

$$H_\ell = \frac{32\mu L_2 V_2}{\gamma D_2^2} = \frac{32\times0.002\times0.022\times7.08}{900\times9.8\times0.0003^2} = 12.56\ \text{m}$$

$$\frac{P_1}{9800\times0.9} + 0 + 0 = \frac{P_2}{9800\times0.9} + \frac{7.08^2}{2g} + 12.56$$

$$P_1 - P_2 = 133.34\ \text{kPa}$$

$$\therefore\ F = A_1(P_1 - P_2) = \left(\frac{\pi\times0.012^2}{4}\right)(133.34) = 0.0151\ \text{kN} = 15.1\ \text{N}$$

■ 8-16

액체 표면의 압력이 대기압으로 동일하므로 압력구배는 없다.

$$u = \frac{V}{H}y \qquad F = W\sin\theta = \tau A$$

$$\tau = \mu\frac{du}{dy} = \mu\frac{V}{H} = \mu\frac{0.5}{0.0005} \qquad \mu\left(\frac{0.5}{0.0005}\right)(2\times2) = 50\sin30$$

$$\therefore\ \mu = 0.00625\ \text{N}\cdot\text{s/m}^2$$

■ 8-17

A B 두 점 사이의 높이차에 의한 압력차

$$\gamma(h_A - h_B) = \gamma\Delta h = 9800\times10 = 98\ \text{kPa}$$

$(P_A + \gamma h_A) - (P_B + \gamma h_B) = -96 + 98 = 2 \text{ kPa} > 0$

유동방향은 A --> B이다.

(8.4.14) 식에서

$$V = \frac{H^2}{12\mu}\frac{\Delta P}{L} = \frac{0.006^2 \times (2\times 10^3)}{12 \times 0.001 \times 20} = 0.3 \text{ m/s}$$

$$\tau_w = \frac{H}{2}\frac{\Delta P}{L} = \frac{0.006 \times (2000)}{2\times 20} = 0.3 \text{ N/m}^2$$

8-18

$F = \tau A$ 이므로

$$\frac{U}{H} = \frac{10}{0.002} = 5000 \, 1/s$$

$$F = \mu\frac{U}{H}A = 0.02 \times 5000 \times \pi \times 0.05 \times 0.3 = 4.71 \text{ N}$$

8-19

층류로 가정하면

$$u = \frac{U}{H}y = \frac{r\omega}{H}y \qquad \omega = \frac{2\pi N}{60} = \frac{2\pi \times 500}{60} = 52.3 \text{ rad/s}$$

$$\tau = \mu\frac{r\omega}{H} = 0.02 \times \frac{52.3}{0.002}r = 523r$$

$$dT = \tau dA \times r = 523r(2\pi r\, dr)r = 3284.4\, r^3\, dr$$

$$T = \int_0^R 3284.4\, r^3\, dr = 3284.4\int_0^{0.15} r^3\, dr = 0.42 \text{ N} \cdot \text{m}$$

$r = 0.15$ m 일 때

$$\text{Re} = \frac{\rho V H}{\mu} = \frac{\rho R\omega H}{\mu} = \frac{900 \times 0.15 \times 52.3 \times 0.002}{0.02} = 706 < 2100 \text{ (층류) 가정이 맞다.}$$

8-20

$$\tau = \eta\frac{d\bar{u}}{dy} = \eta\frac{d\bar{u}}{dr} \qquad \bar{u} = -\sqrt{0.25 - r}$$

$$\left[\frac{d\bar{u}}{dr}\right]_{0.18} = \frac{1}{2\sqrt{0.25 - r}} = \frac{1}{2\sqrt{0.25 - 0.18}} = 1.89$$

$$\therefore\ \eta = \tau\frac{dr}{d\bar{u}} = 98 \times \frac{1}{1.89} = 51.9 \text{ Pa} \cdot \text{s}$$

8-21

$$\bar{\tau} = \tau_{lam} + \tau_{tur} = \mu\frac{d\bar{u}}{dy} + \tau_{tur}$$

$$\tau_{lam} = \mu \frac{\partial \overline{u}}{\partial y} = \mu \left[\frac{1}{7} \times u_{\infty} \left(\frac{1}{R^{1/7}} \right) \left(y^{-\frac{6}{7}} \right) \right]$$

$$= 0.001 \left[\frac{1}{7} \times (30) \left(\frac{1}{0.1^{1/7}} \right) \left(y^{-\frac{6}{7}} \right) \right] = 0.00595\, y^{-\frac{6}{7}}$$

$y = 0.005$ m에서의 층류 전단응력은

$$\tau_{lam} = 0.00595\,(0.005)^{-\frac{6}{7}} = 0.558 \text{ N/m}^2$$

$$\overline{\tau} = \frac{r}{2} \frac{\Delta P}{L} = 43\,r = 43 \times 0.095 = 4.085 \text{ N/m}^2$$

$$\therefore\ \tau_{tur} = \overline{\tau} - \tau_{lam} = 4.085 - 0.558 = 3.53 \text{ N/m}^2$$

8-22

최대속도는 $y = \frac{D}{2} = 0.1$ m 위치에서 이므로

$u_{\infty} = 21.6 \times 0.1^{1/7} = 15.55$ m/s

중심에 가까운 임의의 위치 $y = 0.08$ m 에서는

$\overline{u} = 21.6 \times 0.08^{1/7} = 15.06$ m/s

$$\frac{u_{\infty} - \overline{u}}{u^*} = 2.44 \ln \frac{R}{y} \qquad \frac{15.55 - 15.06}{u^*} = 2.44 \ln \frac{0.1}{0.08}$$

$u^* = 0.9$ m/s

$$u^* = \sqrt{\frac{\tau_w}{\rho}} \qquad 0.9 = \sqrt{\frac{\tau_w}{1000}}$$

$\tau_w = 810 \text{ N/m}^2$

$$\tau_w = \frac{R}{2} \frac{\Delta P}{L}$$

$$\frac{\Delta P}{L} = \tau_w \frac{2}{R} = 810 \times \frac{2}{0.1} = 16.2 \text{ kPa/m}$$

8-23

(1) $\tau_w = \frac{R}{2} \frac{\Delta P}{L} = \frac{0.15}{2} \times \frac{9800 \times 4.5}{90} = 36.75 \text{ N/m}^2$

(2) $\tau = \frac{r}{2} \frac{\Delta P}{L} = \tau_w \times \frac{r}{R} = 36.75 \times \frac{0.05}{0.15} = 12.25 \text{ N/m}^2$

(3) $u^* = \sqrt{\frac{\tau_w}{\rho}} = \sqrt{\frac{36.75}{1000}} = 0.192$ m/s

(4) $\frac{u^* y}{\nu} = 5$ y 는 점성저층의 두께이다.

$$y = \delta_v = \frac{5\nu}{u^*} = \frac{5 \times 10^{-6}}{0.192} = 2.6 \times 10^{-5} \text{ m}$$

(5) $\frac{u}{u^*} = 2.44 \ln \frac{u^* y}{\nu} + 5.0$

$$u = 0.192\left(2.44\ln\frac{0.192\times0.08}{10^{-6}} + 5.0\right) = 5.48\ \mathrm{m/s}$$

8-24

$$u = f(y, \tau_w, \mu, \rho) = k y^a \tau_w^b \mu^c \rho^d$$

$$LT^{-1} = L^a(ML^{-1}T^{-2})^b(ML^{-1}T^{-1})^c(ML^{-3})^d$$

$$= L^{a-b-c-3d}M^{b+c+d}T^{-2b-c}$$

$L : 1 = a-b-c-3d$

$M : 0 = b+c+d$

$T : -1 = -2b-c$

$$a = -c,\ b = \frac{1}{2} - \frac{c}{2},\ d = -\frac{1}{2} - \frac{c}{2}$$

$$u = k\left(\frac{\tau_w}{\rho}\right)^{1/2}\left(\frac{\mu}{\sqrt{\tau_w \rho}\, y}\right)^c$$

$$\frac{u}{\sqrt{\frac{\tau_w}{\rho}}} = f\left(\frac{\sqrt{\frac{\tau_w}{\rho}}\, y\rho}{\mu}\right) = f\left(\frac{\sqrt{\frac{\tau_w}{\rho}}\, y}{\nu}\right) \qquad u^* = \sqrt{\frac{\tau_w}{\rho}}\ \text{이면}$$

$$\therefore\ \frac{u}{u^*} = f\left(\frac{u^* y}{\nu}\right)$$

제 9 장

9-1

$$Re = \frac{VD}{\nu} = \frac{0.6 \times 0.05}{1.55 \times 10^{-5}} = 1935 < 2100\ (\text{층류})$$

$$\lambda = \frac{64}{Re} = \frac{64}{1935} = 0.033$$

$$H_\ell = \lambda \frac{L}{D}\frac{V^2}{2g} = 0.033 \times \frac{50}{0.05} \times \frac{0.6^2}{2g} = 0.61\ \text{m}$$

9-2

$$Re = \frac{\rho VD}{\mu} = \frac{0.96 \times 10^3 \times 0.23 \times 0.1}{0.98} = 22.5 < 2100\ (\text{층류})$$

$$V = \frac{Q}{A} = \frac{4 \times 1.8 \times 10^{-3}}{\pi \times 0.1^2} = 0.23\ \text{m/s} \qquad \lambda = \frac{64}{Re} = \frac{64}{22.5} = 2.84$$

$$H_\ell = \lambda \frac{L}{D}\frac{V^2}{2g} = 2.84 \times \frac{100}{0.1} \times \frac{0.23^2}{2g} = 7.68\ \text{m}$$

$$L = \gamma Q H_\ell = 0.96 \times 9800 \times 1.8 \times 10^{-3} \times 7.68 = 130.0\ \text{W}$$

9-3

$$R_h = \frac{A}{P} = \frac{0.2^2}{4 \times 0.2} = 0.05\ \text{m}$$

$$Re = \frac{V 4 R_h}{\nu} = \frac{2 \times 4 \times 0.05}{2.1 \times 10^{-4}} = 1904.8 < 2100\ (\text{층류})$$

$$\lambda = \frac{64}{Re} = \frac{64}{1904.8} = 0.034$$

$$H_\ell = \lambda \frac{L}{4R_h}\frac{V^2}{2g} = 0.034 \times \frac{300}{4 \times 0.05} \times \frac{2^2}{2g} = 10.4\ \text{m}$$

9-4

$$H_\ell = \lambda \frac{L}{D}\frac{V^2}{2g} \qquad \tau_w = \frac{R}{2}\frac{\Delta P}{L}$$

$$\Delta P = \lambda \frac{L}{D}\frac{\rho V^2}{2} \qquad \Delta P = \frac{2\tau_w L}{R}$$

$$\lambda \frac{L}{D}\frac{\rho V^2}{2} = \frac{2\tau_w L}{R} = \frac{4\tau_w L}{D}$$

$$\tau_w = \frac{\lambda \rho V^2}{8} = \frac{0.17 \times 408 \times 50^2}{8 \times 9.8} = 2.21\ \text{kN/m}^2$$

9-5

$$\tau_w = \frac{\lambda \rho V^2}{8} = \frac{0.015 \times 1000 \times 8^2}{8} = 120\ \text{N/m}^2$$

관내의 전단응력은 선형적으로 반지름에 비례한다.

r/R	$\tau(\mathrm{N/m^2})$
0	0
0.2	24
0.5	60
0.75	90

9-6

$$\mathrm{Re} = \frac{\rho V D}{\mu} = \frac{10^3 \times 5 \times 0.15}{0.001} = 7.5 \times 10^5$$

Moody 선도에서 신형주철관의 거칠기는

$\epsilon = 0.26$ mm

$$\frac{\epsilon}{D} = \frac{0.26}{150} = 0.0017$$

상대조도와 Re 를 이용하여 Moody 선도에서 관마찰계수를 구하면

$\lambda = 0.023$

$$H_\ell = \lambda \frac{L}{D}\frac{V^2}{2g} = 0.023 \times \frac{100}{0.15} \times \frac{5^2}{2g} = 19.56 \text{ m}$$

9-7

손실계수를 가정하자.

$\lambda = 0.02$ 라 하면 $\quad H_\ell = \lambda \frac{L}{D}\frac{V^2}{2g}$

$$V = \sqrt{\frac{2gDH_\ell}{\lambda L}} = \sqrt{\frac{2 \times 9.8 \times 0.5 \times 5}{0.02 \times 30}} = 9.04 \text{ m/s}$$

$\epsilon = 0.26$ mm $\qquad \frac{\epsilon}{D} = \frac{0.26}{500} = 0.00052$

$$\mathrm{Re} = \frac{\rho V D}{\mu} = \frac{10^3 \times 9.04 \times 0.5}{0.001} = 4.52 \times 10^6$$

Moody 선도에서 $\lambda = 0.0165$

$$V = \sqrt{\frac{2gDH_\ell}{\lambda L}} = \sqrt{\frac{2 \times 9.8 \times 0.5 \times 5}{0.0165 \times 30}} = 9.95 \text{ m/s}$$

$$\mathrm{Re} = \frac{10^3 \times 9.95 \times 0.5}{0.001} = 5.0 \times 10^6$$

Moody 선도에서 $\lambda = 0.0166$

$$V = \sqrt{\frac{2 \times 9.8 \times 0.5 \times 5}{0.0166 \times 30}} = 9.92 \text{ m/s}$$

$$Q = AV = \frac{\pi}{4} \times 0.5^2 \times 9.92 = 1.95 \text{ m}^3/\text{s}$$

9-8

$$R_h = \frac{A}{P} = \frac{0.3 \times 0.6}{1.8} = 0.1 \text{ m}$$

$\epsilon = 0.15 \text{ mm} \qquad \frac{\epsilon}{D} = \frac{\epsilon}{4R_h} = \frac{0.15}{4 \times 0.1 \times 10^3} = 0.000375$

$$V = \frac{Q}{A} = \frac{4.7}{0.3 \times 0.6} = 26.11 \text{ m/s}$$

$$\text{Re} = \frac{V4R_h}{\nu} = \frac{26.11 \times 4 \times 0.1}{1.50 \times 10^{-5}} = 7.0 \times 10^5$$

Moody 선도에서 $\lambda = 0.017$

$$H_\ell = \lambda \frac{L}{4R_h} \frac{V^2}{2g} = 0.017 \times \frac{20}{4 \times 0.1} \times \frac{26.11^2}{2g} = 29.6 \text{ m(Air)}$$

$$\rho = \frac{P}{RT} = \frac{101300}{287 \times 293} = 1.2 \text{ kg/m}^3$$

$$H_{\ell(water)} = \frac{29.6 \times 9.8 \times 1.2}{9800} = 0.036 \text{ mAq}$$

9-9

$\Delta P = 200 - 150 = 50 \text{ kPa}$

$$V = \frac{m}{\rho A} = \frac{6.97 \times 4}{1000 \times \pi \times 0.04^2} = 5.55 \text{ m/s}$$

$$\Delta P = \lambda \frac{\ell}{D} \frac{\rho V^2}{2}$$

$$\ell = \frac{2D\Delta P}{\lambda \rho V^2} = \frac{2 \times 0.04 \times 50000}{0.013 \times 10^3 \times 5.55^2} = 9.99 \text{ m}$$

$$L = \gamma Q H_\ell = \Delta P\, Q = 50000 \times \frac{6.97}{1000} = 348.5 \text{ W}$$

9-10

1, 2에 Bernoulli Eq.을 적용하자.

$$\frac{P_1}{\gamma} + \frac{V_1^2}{2g} + z_1 = \frac{P_2}{\gamma} + \frac{V_2^2}{2g} + z_2 + 0.5\frac{V_2^2}{2g} + H_\ell$$

탱크 출구에서 손실계수 $K = 0.5$ 이므로

$$0 + 0 + 20 = 0 + 1.5\frac{V_2^2}{2g} + 0 + H_\ell \qquad H_\ell = 20 - \left(1.5\frac{V_2^2}{2g}\right)$$

$$H_\ell = \lambda \frac{L}{D}\frac{V_2^2}{2g} = \lambda \times \frac{40}{0.6} \times \frac{V_2^2}{2g} = 66.7\lambda \frac{V_2^2}{2g}$$

$$20 - 1.5\frac{V_2^2}{2g} = 66.7\lambda\frac{V_2^2}{2g} \qquad \frac{V_2^2}{2g}(66.7\lambda + 1.5) = 20$$

$$V_2 = \sqrt{\frac{20 \times 2g}{66.7\lambda + 1.5}} = \frac{19.8}{\sqrt{66.7\lambda + 1.5}}$$

$\lambda = 0.02$ 로 가정하자.

$$V_2 = \frac{19.8}{\sqrt{66.7 \times 0.02 + 1.5}} = 11.79 \text{ m/s} \qquad \frac{\epsilon}{D} = \frac{0.00026}{0.6} = 0.00043$$

$$Re = \frac{VD}{\nu} = \frac{6.99 \times 0.6}{1.0 \times 10^{-6}} = 4.2 \times 10^6$$

Moody 선도에서 $\lambda = 0.0162$

$$V_2 = \frac{19.8}{\sqrt{66.7 \times 0.0162 + 1.5}} = 12.33 \text{ m/s}$$

$$Re = \frac{VD}{\nu} = \frac{12.33 \times 0.6}{1.0 \times 10^{-6}} = 7.2 \times 10^6$$

Moody 선도에서 $\lambda = 0.0161$

$$V_2 = \frac{19.8}{\sqrt{66.7 \times 0.0161 + 1.5}} = 12.34 \text{ m/s}$$

$$Q = AV = \frac{\pi}{4} \times 0.6^2 \times 12.34 = 3.49 \text{ m}^3/\text{s}$$

9-11

1, 2에 Bernoulli Eq.을 적용하자.

$$\frac{P_1}{\gamma} + \frac{V_1^2}{2g} + 15 = 0 + \frac{V_2^2}{2g} + 0 + H_\ell$$

$$H_\ell = \frac{2500 \times 10^3}{0.72 \times 9800} + 15 = 369.31 \text{ m}$$

$$V_1 = V_2 = V$$

$$H_\ell = \lambda \frac{1000}{d} \frac{V^2}{2g} = 51.02 \frac{\lambda V^2}{d} \qquad \frac{\lambda V^2}{d} = 7.24$$

$$V = \frac{Q}{A} = \frac{4Q}{\pi d^2} = \frac{4 \times 0.10}{\pi d^2} = \frac{0.127}{d^2}$$

$$\frac{\lambda \left(\frac{0.127}{d^2} \right)^2}{d} = \frac{\lambda}{d^5} \times 0.0161 = 7.24$$

$$d = (0.00223\lambda)^{1/5}$$

$\lambda = 0.02$ 로 가정하면

$$d = 13.6 \text{ cm} \qquad V_2 = \frac{0.127}{0.136^2} = 6.87 \text{ m/s}$$

$$Re = \frac{\rho V_2 d}{\mu} = \frac{0.72 \times 10^3 \times 6.87 \times 0.136}{2.92 \times 10^{-4}} = 2.3 \times 10^6$$

$$\frac{\epsilon}{d} = \frac{0.5 \times 10^{-3}}{0.136} = 0.0037$$

Moody 선도에서 $\lambda = 0.029$

$$d = (0.00223 \times 0.029)^{1/5} = 0.145 \text{ m}$$

$$V_2 = \frac{0.127}{0.145^2} = 6.04 \text{ m/s} \qquad Re = \frac{0.72 \times 10^3 \times 6.04 \times 0.145}{2.92 \times 10^{-4}} = 2.2 \times 10^6$$

$\lambda = 0.029$ 로 정한다.

$\therefore\ d = 0.145 \text{ m}$

9-12

$Q = 0.2\ \text{m}^3/\text{s}$

$$V_1 = \frac{Q}{A_1} = \frac{4\times 0.2}{\pi \times 0.15^2} = 11.32\ \text{m/s}$$

$$V_2 = V_1\left(\frac{150}{450}\right)^2 = 11.32 \times \frac{1}{9} = 1.26\ \text{m/s}$$

$$H_\ell = \frac{(V_1 - V_2)^2}{2g} = \frac{(11.32 - 1.26)^2}{2g} = 5.16\ \text{m}$$

$$\frac{P_1}{\gamma} + \frac{V_1^2}{2g} = \frac{P_2}{\gamma} + \frac{V_2^2}{2g} + H_\ell$$

$$P_1 = P_2 + \frac{\rho}{2}\left(V_2^2 - V_1^2\right) + \gamma H_\ell$$

$$= 210\times 10^3 + \frac{1000}{2}(1.26^2 - 11.32^2) + (9800\times 5.16) = 197.3\ \text{kPa}$$

9-13

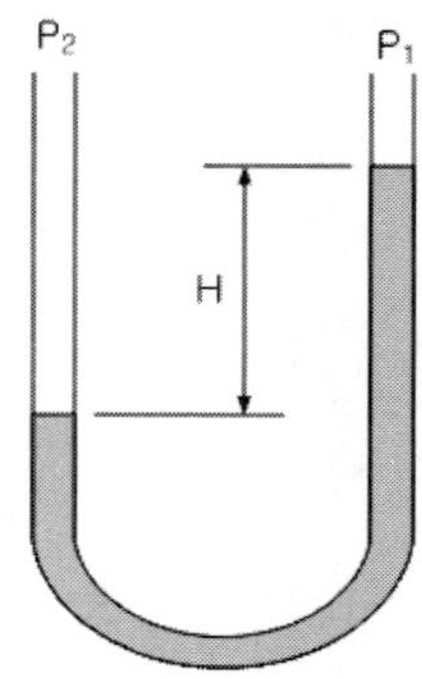

$V_2 = 3\ \text{m/s} \qquad V_1 = 4\,V_2 = 12\ \text{m/s}$

돌연확대관의 손실

$$H_\ell = \frac{(V_1 - V_2)^2}{2g} = \frac{(12-3)^2}{2g} = 4.13\ \text{m}$$

1,2에 Bernoulli Eq. 적용

$$\frac{P_1}{\gamma} + \frac{V_1^2}{2g} + z_1 = \frac{P_2}{\gamma} + \frac{V_2^2}{2g} + z_2 + H_\ell$$

$$\frac{P_2 - P_1}{\gamma} = \frac{V_1^2 - V_2^2}{2g} + z_1 - z_2 - H_\ell = \frac{12^2 - 3^2}{2g} + 2.2 - 4.13 = 4.96\ \text{m}$$

마노메타에서

$P_2 + \gamma_w H = P_1 + \gamma_m H \qquad P_2 - P_1 = H(\gamma_m - \gamma_w)$

$$H = \frac{P_2 - P_1}{\gamma_m - \gamma_w} = \frac{4.96\times 9800}{9800(13.6-1)} = 0.39\ \text{m}$$

9-14

$$V_1 = \frac{Q}{A_1} = \frac{4\times 0.08}{\pi \times 0.08^2} = 15.9\ \text{m/s}$$

$$V_2 = V_1\frac{1}{4} = 4.0\ \text{m/s}$$

$$\frac{68}{9.8} + \frac{15.9^2}{2g} + 1.5 = \frac{136}{9.8} + \frac{4^2}{2g} + H_\ell \qquad H_\ell = \frac{68-136}{9.8} + \frac{15.9^2 - 4^2}{2g} + 1.5 = 6.64\ \text{m}$$

$$H_\ell = K\frac{(V_1 - V_2)^2}{2g}$$

$$K = \frac{2gH}{(V_1 - V_2)^2} = \frac{2\times 9.8\times 6.64}{(15.9-4)^2} = 0.92$$

9-15

기존 수력구배선의 기울기를 이용하여 1,2 에서의 수력구배선의 높이를 구한다.

1 점에서의 수력구배선의 높이는

$$\frac{P_1}{\gamma} = 1.2 - \left[\frac{(4.2-1.2)}{1.5} \times 0.3\right] = 0.6 \text{ m}$$

2 점에서의 수력구배선의 높이는

$$\frac{P_2}{\gamma} = 6.9 + \left[\frac{(6.9-6.7)}{3} \times 3\right] = 7.1 \text{ m}$$

$$V_1 = 4V_2 = 12 \text{ m/s}$$

$$0.6 + \frac{12^2}{2g} = 7.1 + \frac{3^2}{2g} + H_\ell$$

$$\therefore\ H_\ell = 0.6 + \frac{12^2}{2g} - 7.1 - \frac{3^2}{2g} = 0.39 \text{ m}$$

9-16

$V_1 = 2.5 \text{ m/s} \qquad V_2 = 4V_1 = 10 \text{ m/s}$

$$H_\ell = \left(1 - \frac{A_c}{A_2}\right)^2 \frac{V_c^2}{2g} \qquad V_c = \left(\frac{20}{8}\right)^2 V_1 = 15.6 \text{ m/s}$$

$$\frac{A_c}{A_2} = \left(\frac{d_c}{d_2}\right)^2 = \left(\frac{8}{10}\right)^2 = 0.64$$

$$H_\ell = (1-0.64)^2 \frac{15.6^2}{2g} = 1.61 \text{ m}$$

$$\frac{P_1}{\gamma} + \frac{V_1^2}{2g} = \frac{P_2}{\gamma} + \frac{V_2^2}{2g} + H_\ell$$

$$P_2 = P_1 + \gamma\frac{V_1^2 - V_2^2}{2g} - \gamma H_\ell = 70 + \frac{10^3(2.5^2 - 10^2)}{2\times 10^3} - (9.8\times 1.61) = 7.25 \text{ kPa}$$

9-17

$$\frac{A_2}{A_1} = \left(\frac{d_2}{d_1}\right)^2 = \left(\frac{30}{45}\right)^2 = 0.444$$

표 9.3.2에서 $K = 0.273$

$$V_2 = \frac{Q}{A_2} = \frac{4\times 0.22}{\pi\times 0.3^2} = 3.11 \text{ m/s}$$

$$H_\ell = K\frac{V_2^2}{2g} = 0.273 \times \frac{3.11^2}{2\times 9.8} = 0.13 \text{ m}$$

9-18

압력계와 노즐 끝에 Bernoulli Eq.을 적용하자.

$$\frac{P_1}{\gamma} + \frac{V_1^2}{2g} = \frac{P_2}{\gamma} + \frac{V_2^2}{2g} + H_\ell \qquad P_2 = 0,\quad V_2 = 16V_1$$

$$H_\ell = \lambda\frac{L}{d}\frac{V_1^2}{2g} = 0.03\times\frac{100}{0.08}\left(\frac{1}{16}\right)^2\frac{V_2^2}{2g} = 0.0075\,V_2^2 \text{ m}$$

$$0.0075\,V_2^2 = \frac{500\times10^3}{9800} + \frac{\left(\dfrac{V_2}{16}\right)^2 - V_2^2}{2g} = 51.02 + \left(-\,0.051\,V_2^2\right)$$

$\therefore\ V_2 = 29.6\ \text{m/s}$

9-19

관 마찰손실

$$H_f = \lambda\frac{\ell}{d}\frac{V^2}{2g} = 0.017\frac{30}{0.1}\frac{V^2}{2g} = 5.1\frac{V^2}{2g}$$

$$H_e = (0.5+0.64+0.11+1.0)\frac{V^2}{2g} = 2.25\frac{V^2}{2g}$$

$$H_L = (5.1+2.25)\frac{V^2}{2g} = 7.35\frac{V^2}{2g}$$

양쪽 탱크 수면에 Bernoulli Eq. 적용하면

$$0+0+10 = 0+0+0+H_L$$

$$7.35\frac{V^2}{2g} = 10 \qquad V = 5.16\ \text{m/s}$$

$$\therefore\ Q = A\,V = \frac{\pi}{4}\times0.1^2\times5.16 = 0.04\ \text{m}^3/\text{s}$$

9-20

$\Delta z = H_L$

$$80 = \left(K_{enter} + K_{valve} + K_{exit} + \lambda\frac{\ell}{d}\right)\frac{V^2}{2g} = \left[0.8+2.0+1.0+\left(0.02\times\frac{1000}{0.8}\right)\right]\frac{V^2}{2g}$$

$V = 7.38\ \text{m/s}$

$$Q = A\,V = \frac{\pi}{4}\times0.8^2\times7.38 = 3.71\ \text{m}^3/\text{s}$$

$$\text{Re} = \frac{7.38\times0.8}{10^{-6}} = 5.9\times10^6\ (\text{난류})$$

9-21

우측 탱크에서 좌측 탱크로 흐르고 있으므로

$$H = 0.5\frac{V_1^2}{2g} + \lambda\frac{\ell_1}{d_1}\frac{V_1^2}{2g} + \left(1-\frac{A_1}{A_2}\right)^2\frac{V_1^2}{2g} + \lambda\frac{\ell_2}{d_2}\frac{V_2^2}{2g} + \left(1-\frac{1}{C_c}\right)^2\frac{V_3^2}{2g} + \lambda\frac{\ell_3}{d_3}\frac{V_3^2}{2g} + \frac{V_3^2}{2g}$$

$$V_1 = \frac{Q}{A_1} = \frac{4\times2}{\pi\times0.8^2} = 3.98\ \text{m/s} \qquad V_2 = \frac{Q}{A_2} = \frac{4\times2}{\pi\times1.2^2} = 1.77\ \text{m/s}$$

$$V_3 = \frac{4\times2}{\pi\times0.6^2} = 7.08\ \text{m/s}$$

$$H_{L1} = \left[0.5+\left(0.02\frac{500}{0.8}\right)+\left(1-\frac{A_1}{A_2}\right)^2\right]\frac{3.98^2}{2g} = 10.76\ \text{m}$$

$$H_{L2} = \left(0.02\frac{400}{1.2}\right)\frac{1.77^2}{2g} = 1.07\ \text{m}$$

$$H_{L3} = \left[0.39 + \left(0.02\frac{300}{0.6}\right) + 1.0\right]\frac{7.08^2}{2g} = 29.13 \text{ m}$$

$H_L = 10.76 + 1.07 + 29.13 = 40.96$ m

$\therefore\ H = 41.0$ m

9-22

$$\left(0.025\frac{90}{0.6}\frac{V_1^2}{2g}\right) + \left(0.02\frac{30}{0.9}\frac{V_2^2}{2g}\right) = 0.022\frac{L}{0.8}\frac{V_3^2}{2g}$$

$V_2 = 0.44\,V_1 \qquad V_3 = 0.56\,V_1$ 이므로

$$\left[\left(0.025\times\frac{90}{0.6}\right) + \left(0.02\times\frac{30}{0.9}\times 0.44^2\right)\right]\frac{V_1^2}{2g} = 0.022\times\frac{L}{0.8}\times 0.56^2\frac{V_1^2}{2g}$$

$\therefore\ L = 449.8$ m

9-23

$$V_A = \frac{Q}{A_A} = \frac{4\times 0.08}{\pi\times 0.2^2} = 2.55 \text{ m/s} \qquad H_{\ell A} = 0.02\frac{200}{0.2}\frac{2.55^2}{2g} = 6.64 \text{ m}$$

$$V_D = \frac{Q}{A_D} = \frac{4\times 0.08}{\pi\times 0.22^2} = 2.11 \text{ m/s} \qquad H_{\ell D} = 0.02\frac{100}{0.22}\frac{2.11^2}{2g} = 2.07 \text{ m}$$

$H_{\ell B} = 12 - (H_{\ell A} + H_{\ell D}) = 12 - (6.64 + 2.07) = 3.29$ m

$$H_{\ell B} = 0.02\frac{220}{0.15}\frac{V_B^2}{2g} = 3.29 \qquad V_B = 1.48 \text{ m/s}$$

$$Q_B = \frac{\pi}{4}\times 0.15^2\times 1.48 = 0.026 \text{ m}^3/\text{s} \qquad Q_c = 0.08 - 0.026 = 0.054 \text{ m}^3/\text{s}$$

$$H_{\ell C} = H_{\ell B} = 0.02\frac{150}{d_c}\frac{V_C^2}{2g} = 3.29 \text{ m}$$

$$Q_c = \frac{\pi}{4}d_c^2\,V_C = 0.054 \text{ m}^3/\text{s} \qquad V_C = \frac{0.069}{d_c^2}$$

$$0.02\frac{150}{d_c}\frac{\left(\dfrac{0.069}{d_c^2}\right)^2}{2g} = 3.29 \text{ m}$$

$d_c = 0.186 \text{ m} = 18.6 \text{ cm}$

9-24

$H_{\ell B} = H_{\ell C} = 9$ m

$$H_{\ell B} = 0.017\frac{30}{0.12}\frac{V_B^2}{2g} = 0.017\frac{20}{0.1}\frac{V_C^2}{2g}$$

$V_B = 6.44 \text{ m/s} \qquad V_C = 7.20 \text{ m/s}$

$$Q_B = \frac{\pi}{4}\times 0.12^2\times 6.44 = 0.073 \text{ m}^3/\text{s} \qquad Q_C = \frac{\pi}{4}\times 0.1^2\times 7.20 = 0.057 \text{ m}^3/\text{s}$$

$Q = Q_B + Q_C = 0.13 \text{ m}^3/\text{s}$

9-25

$$H_\ell = 0.02\frac{560}{0.6}\frac{V^2}{2g} = 11.93Q^2 \qquad H_T = 100 - H_\ell = 100 - 11.93Q^2$$

$$863000 = \gamma Q H_T = 9800\left(100 - 11.93Q^2\right)Q$$

$11.93Q^3 - 100\,Q + 88.06 = 0$ 반복법으로 해를 구하면

$$Q = 1.0\ \mathrm{m^3/s}$$

9-26

150mm 관

$$V_{15} = \frac{4\times 0.25}{\pi\times 0.15^2} = 14.15\ \mathrm{m/s}$$

$$H_{\ell 15} = 1.03\frac{14.15^2}{2g}$$

100mm 관

$$V_{10} = \frac{4\times 0.25}{\pi\times 0.10^2} = 31.85\ \mathrm{m/s}$$

$$H_{\ell 10} = 1.03\frac{31.85^2}{2g}$$

$$H_p = H_{\ell 10} - H_{\ell 15} = \frac{1.03}{2g}\left(31.85^2 - 14.15^2\right) = 42.79\ \mathrm{m}$$

$$L = \gamma Q H_p = 9800\times 0.25\times 42.79 = 104.83\ \mathrm{kW}$$

9-27

$$H_\ell = \lambda\frac{\ell}{d}\frac{V^2}{2g} = \left(\frac{\lambda\ell}{2gd}\right)\left(\frac{Q}{\frac{\pi d^2}{4}}\right)^2 = \left(\frac{8\lambda}{\pi^2 g}\right)\left(\frac{\ell Q^2}{d^5}\right) \propto \frac{\ell Q^2}{d^5}$$

$$H_{\ell 2} = H_{\ell 3} = H_{\ell 4}$$

$$\frac{1000Q_2^2}{0.35^5} = \frac{800Q_3^2}{0.3^5} = \frac{950Q_4^2}{0.4^5} \qquad Q_2 = 1.315Q_3 \quad Q_4 = 1.884\,Q_3$$

$$Q_1 = Q_5 = Q_2 + Q_3 + Q_4 = (1.315+1+1.884)Q_3 = 4.199\,Q_3$$

$$H_{\ell AD} = H_{\ell 1} + H_{\ell 3} + H_{\ell 5}$$

$$28 = \left(\frac{8\times 0.017}{\pi^2 g}\right)\left[\frac{1000(4.199Q_3)^2}{0.6^5} + \frac{800Q_3^2}{0.3^5} + \frac{1500(4.199Q_3)^2}{0.75^5}\right]$$

$$Q_3 = 0.173\ \mathrm{m^3/s} \qquad Q_2 = 1.315\,Q_3 = 0.227\ \mathrm{m^3/s} \qquad Q_4 = 1.884\,Q_3 = 0.326\ \mathrm{m^3/s}$$

$$Q_1 = Q_5 = 4.199Q_3 = 0.726\ \mathrm{m^3/s}$$

9-28

분지점의 Head를 $H_o = z_o + \dfrac{P_o}{\gamma} = 80\ \mathrm{m}$로 가정하자.

$$(120 - 80) = \lambda_1\frac{2000}{1}\frac{V_1^2}{2g} \qquad V_1 = 5.49\ \mathrm{m/s}$$

$(100-80)=\lambda_2 \dfrac{2300}{0.6}\dfrac{V_2^2}{2g}$ $V_2 = 2.26$ m/s

$(80-28)=\lambda_3 \dfrac{2500}{1.2}\dfrac{V_3^2}{2g}$ $V_3 = 4.61$ m/s

$Q_1 = A_1 V_1 = 4.32\ \mathrm{m^3/s}$ $Q_2 = 0.64\ \mathrm{m^3/s}$ $Q_3 = 5.22\ \mathrm{m^3/s}$

$Q_1 + Q_2 = 4.96 < Q_3$ $Q_3 - (Q_1 + Q_2) = 0.26$

$H_o = 76$ m 로 가정하자.

$(120-76)=\lambda_1 \dfrac{2000}{1}\dfrac{V_1^2}{2g}$ $V_1 = 5.76$ m/s $Q_1 = 4.52\ \mathrm{m^3/s}$

$(100-76)=\lambda_2 \dfrac{2300}{0.6}\dfrac{V_2^2}{2g}$ $V_2 = 2.48$ m/s $Q_2 = 0.70\ \mathrm{m^3/s}$

$(76-28)=\lambda_3 \dfrac{2500}{1.2}\dfrac{V_3^2}{2g}$ $V_3 = 4.43$ m/s $Q_3 = 5.01\ \mathrm{m^3/s}$

$Q_1 + Q_2 = 5.22$ 로 $(Q_1 + Q_2) - Q_3 = 0.21$ 이다.

두 결과를 이용하여 보간법으로 수두를 구하자.

$$H_o = 80 - \left(\frac{0.26}{0.21 + 0.26} \times 4\right) = 77.79\ \mathrm{m}$$

새로운 수두를 이용하여 다시 계산하면 다음과 같은 결과를 얻는다.

$V_1 = 5.64$ m/s $Q_1 = 4.43\ \mathrm{m^3/s}$

$V_2 = 2.38$ m/s $Q_2 = 0.67\ \mathrm{m^3/s}$

$V_3 = 4.51$ m/s $Q_3 = 5.10\ \mathrm{m^3/s}$

9-29

B에서 D 사이의 2번관에는 유동이 없다고 가정하자.

$$H_{\ell A} = 0.02\,\frac{240}{0.08}\,\frac{V_A^2}{2g} = 3.061\,V_A^2$$

$$H_{\ell C} = 0.02\,\frac{300}{0.1}\,\frac{V_C^2}{2g} = 3.061\,V_C^2$$

$$A_A V_A = A_C V_C \qquad \frac{V_A}{V_C} = \left(\frac{d_c}{d_A}\right)^2 = \left(\frac{0.1}{0.08}\right)^2 = 1.562$$

$$\frac{H_{\ell A}}{H_{\ell C}} = \frac{3.061\,V_A^2}{3.061\,V_C^2} = \frac{V_A^2}{V_C^2} = 2.441$$

$$z_{DA}\,(D\text{에서 }A\text{의 높이}) = \frac{2.441\,H_{\ell C}}{(2.441+1)H_{\ell C}}(18-9) = 6.384\ \mathrm{m}$$

$$z_D = 18 - 6.384 = 11.616\ \mathrm{m}$$

$\therefore\ z_D > 10$ 이므로 B 탱크에서 유동이 없기 위해서는 D의 위치가 11.616m 로 주어진 값보다 커야한다. 따라서 B --> D 로 흐른다.

9-30

$$V = \frac{4 \times 0.1 \times 10^{-3}}{\pi \times 0.08^2} = 0.02 \text{ m/s}$$

$$\text{Re} = \frac{\rho VD}{\mu} = \frac{10^3 \times 0.02 \times 0.08}{0.001} = 1592 \ (laminar)$$

$$\frac{L_E}{D} = 0.065 \, \text{Re}$$

$$L_E = 0.065 \times 1592 \times 0.08 = 8.28 \text{ m}$$

$\therefore$ $30 > 8.28$ 이므로 충분히 발달된 흐름이다.

9-31

$$V = \frac{4 \times 0.5 \times 10^{-3}}{\pi \times 0.01^2} = 6.37 \text{ m/s}$$

$$\text{Re} = \frac{\rho VD}{\mu} = \frac{10^3 \times 6.37 \times 0.01}{0.001} = 63700 \ (Turbulance)$$

$$L_E = (25 \sim 40) \, \text{D} = 0.25 \sim 0.4 \text{ m}$$

$\therefore$ $2.5 \gg 0.4$ 이므로 충분히 발달된 난류가 형성된다.

제 10 장

10-1

$\mathrm{Re_c} = 5\times10^5$ 로 정하면

$$\mathrm{Re}_x = \frac{Ux}{\nu} = 5\times10^5 \qquad x = \frac{5\times10^5\,\nu}{U}$$

(1) 공기 20℃ $\nu = 1.5\times10^{-5}\ \mathrm{m^2/s}$

$$x = \frac{5\times10^5\,\nu}{U} = \frac{5\times10^5 \times1.5\times10^{-5}}{10} = 0.75\ \mathrm{m}$$

(2) 물 20℃ $\nu = 1.005\times10^{-6}\ \mathrm{m^2/s}$

$$x = \frac{5\times10^5\,\nu}{U} = \frac{5\times10^5 \times1.005\times10^{-6}}{10} = 0.05\ \mathrm{m}$$

점성이 큰, 물의 층류경계층의 길이가 공기의 경우보다 짧다.

10-2

층류 경계층의 두께는 $\dfrac{\delta}{x} = \dfrac{5.0}{\sqrt{\mathrm{Re}_x}}$

배재두께는 $\dfrac{\delta^*}{x} = \dfrac{1.73}{\sqrt{\mathrm{Re_x}}}$

운동량 두께는 $\dfrac{\theta}{x} = \dfrac{0.664}{\sqrt{\mathrm{Re}_x}}$

(1) 공기의 경우 $x = 0.75\ \mathrm{m}$ 이므로

$$\delta = x\frac{5.0}{\sqrt{\mathrm{Re}_x}} = 0.75\frac{5.0}{\sqrt{5\times10^5}} = 0.0053\ \mathrm{m} = 5.3\,\mathrm{mm}$$

$$\delta^* = x\frac{1.73}{\sqrt{\mathrm{Re}_x}} = 0.75\frac{1.73}{\sqrt{5\times10^5}} = 0.00183\ \mathrm{m} = 1.83\,\mathrm{mm}$$

$$\theta = x\frac{0.664}{\sqrt{\mathrm{Re}_x}} = 0.75\frac{0.664}{\sqrt{5\times10^5}} = 0.00070\ \mathrm{m} = 0.70\,\mathrm{mm}$$

(2) 물의 경우 $x = 0.05\ \mathrm{m}$ 이므로

$$\delta = x\frac{5.0}{\sqrt{\mathrm{Re}_x}} = 0.05\frac{5.0}{\sqrt{5\times10^5}} = 0.00035\ \mathrm{m} = 0.35\,\mathrm{mm}$$

$$\delta^* = x\frac{1.73}{\sqrt{\mathrm{Re}_x}} = 0.05\frac{1.73}{\sqrt{5\times10^5}} = 0.00012\ \mathrm{m} = 0.12\,\mathrm{mm}$$

$$\theta = x\frac{0.664}{\sqrt{\mathrm{Re}_x}} = 0.75\frac{0.664}{\sqrt{5\times10^5}} = 0.00005\ \mathrm{m} = 0.05\,\mathrm{mm}$$

10-3

$$\mathrm{Re_c} = 5\times10^5 = \frac{UL}{\nu}$$

$$\nu = \frac{UL}{5\times10^5} = \frac{0.7\times0.9}{5\times10^5} = 1.26\times10^{-6}\ \mathrm{m^2/s}$$

10-4

$\nu = 1.005\times10^{-6}\ \mathrm{m^2/s}$

$$\mathrm{Re}_x = \frac{UL}{\nu} = \frac{0.3\times1.5}{1.005\times10^{-6}} = 4.48\times10^5$$

(1) 층류경계층의 경우

$$c_f = \frac{0.664}{\sqrt{\mathrm{Re}_x}} = \frac{0.664}{\sqrt{4.48\times10^5}} = 0.00099$$

$$C_D = \frac{1.328}{\sqrt{\mathrm{Re}_x}} = \frac{1.328}{\sqrt{4.48\times10^5}} = 0.0020$$

양면이므로

$$F_D = C_D\frac{1}{2}\rho U^2 A\times2 = 0.002\times\frac{1}{2}\times10^3\times0.3^2\times(0.15\times1.5)\times2 = 0.0405\ \mathrm{N}$$

(2) 난류경계층의 경우

$$c_f = \frac{0.027}{\sqrt[7]{\mathrm{Re}_x}} = \frac{0.027}{\sqrt[7]{4.48\times10^5}} = 0.0042$$

$$C_D = \frac{0.31}{\sqrt[7]{\mathrm{Re}_x}} = \frac{0.31}{\sqrt[7]{4.48\times10^5}} = 0.048$$

양면이므로

$$F_D = C_D\frac{1}{2}\rho U^2 A\times2 = 0.048\times\frac{1}{2}\times10^3\times0.3^2\times(0.15\times1.5)\times2 = 0.972\ \mathrm{N}$$

층류경계층의 두께

$$\delta = x\frac{5.0}{\sqrt{\mathrm{Re}_x}} = 1.5\frac{5.0}{\sqrt{4.48\times10^5}} = 0.011\ \mathrm{m}$$

난류경계층의 두께

$$\delta = x\frac{0.382}{\sqrt[5]{\mathrm{Re}_x}} = \frac{1.5\times0.382}{\sqrt[5]{4.48\times10^5}} = 0.043\ \mathrm{m}$$

10-5

$$\mathrm{Re}_x = \frac{Ux}{\nu} = \frac{3\times0.5}{1.5\times10^{-5}} = 10^5 < 5\times10^5\ (\text{층류경계층})$$

$$c_f = \frac{\tau_w}{\frac{1}{2}\rho U^2}$$

$$c_f = \frac{0.664}{\sqrt{\mathrm{Re}_x}} = \frac{0.664}{\sqrt{10^5}} = 0.0021$$

$$\tau_w = \frac{1}{2}\rho U^2 c_f = \frac{1}{2}\times1.2\times3^2\times0.0021 = 0.011\ \mathrm{N/m^2}$$

10-6

$$\mathrm{Re}_L = \frac{UL}{\nu} = \frac{2\times3}{1.5\times10^{-5}} = 4\times10^5 < 5\times10^5\ (\text{층류경계층})$$

$$C_D = \frac{1.328}{\sqrt{\mathrm{Re}_L}} = \frac{1.328}{\sqrt{4\times10^5}} = 0.002$$

$$F_D = C_D \frac{1}{2} \rho U^2 A = 0.002 \times \frac{1}{2} \times 1.2 \times 2^2 \times (3 \times 1) = 0.014 \text{ N}$$

10-7

평판 선단에서 50 cm 되는 지점의

$$\mathrm{Re}_x = \frac{Ux}{\nu} = \frac{1.8 \times 0.5}{1.46 \times 10^{-5}} = 6.16 \times 10^4 < 5 \times 10^5 \text{ (층류경계층)}$$

$$\delta = \frac{5.0\,x}{\sqrt{\mathrm{Re}_x}} = \frac{5.0 \times 0.5}{\sqrt{6.16 \times 10^4}} = 0.010 \text{ m}$$

$$\delta^* = \frac{1.73\,x}{\sqrt{\mathrm{Re}_x}} = \frac{1.73 \times 0.5}{\sqrt{6.16 \times 10^4}} = 0.0035 \text{ m}$$

$$\theta = \frac{0.664\,x}{\sqrt{\mathrm{Re}_x}} = \frac{0.664 \times 0.5}{\sqrt{6.16 \times 10^4}} = 0.0013 \text{ m}$$

평판 끝에서의

$$\mathrm{Re}_L = \frac{UL}{\nu} = \frac{1.8 \times 1}{1.46 \times 10^{-5}} = 1.23 \times 10^5 < 5 \times 10^5 \text{ (층류경계층)}$$

$$C_D = \frac{1.328}{\sqrt{\mathrm{Re}_L}} = \frac{1.328}{\sqrt{1.23 \times 10^5}} = 0.0038$$

$$F_D = C_D \frac{1}{2} \rho U^2 A = 0.0038 \times \frac{1}{2} \times 1.2 \times 1.8^2 \times (2 \times 1) = 0.015 \text{ N}$$

10-8

$$\frac{u}{U} = \frac{3}{2}\left(\frac{y}{\delta}\right) - \frac{1}{2}\left(\frac{y}{\delta}\right)^3$$

$$\left(\frac{\partial u}{\partial y}\right)_{y=0} = \frac{3}{2}\left(\frac{U}{\delta}\right) \qquad \tau_w = \mu\left(\frac{\partial u}{\partial y}\right)_{y=0} = \mu\frac{3}{2}\left(\frac{U}{\delta}\right) \quad \text{--(1)}$$

식(10.3.29)에서 전단응력은

$$\tau_w = \rho U^2 \frac{d}{dx} \int_0^\delta \frac{u}{U}\left(1 - \frac{u}{U}\right) dy$$

$$= \rho U^2 \frac{d}{dx} \int_0^\delta \left(\frac{3}{2}\frac{y}{\delta} - \frac{1}{2}\frac{y^3}{\delta^3}\right)\left(1 - \frac{3}{2}\frac{y}{\delta} + \frac{1}{2}\frac{y^3}{\delta^3}\right) dy$$

$$= \frac{39}{280} \rho U^2 \frac{d\delta}{dx} \quad \text{--(2)}$$

(1)(2) 식에서

$$\delta\, d\delta = \frac{140}{13}\frac{\nu}{U} dx$$

이므로 경계층의 두께는

$$\frac{\delta}{x} = \frac{4.64}{\sqrt{\mathrm{Re}_x}}$$

배제두께는 경계층의 두께를 이용하여 다음과 같다.

$$\delta^* = \int_0^\delta \left(1 - \frac{u}{U}\right)dy = \int_0^\delta \left(1 - \frac{3}{2}\frac{y}{\delta} + \frac{1}{2}\frac{y^3}{\delta^3}\right)dy = \left[y - \frac{3}{4}\frac{y^2}{\delta} + \frac{1}{8}\frac{y^4}{\delta^3}\right]_0^\delta$$

$$= \delta - \frac{3}{4}\delta + \frac{1}{8}\delta = \frac{3}{8}\delta = \frac{3}{8}\frac{4.64\,x}{\sqrt{\mathrm{Re}_x}}$$

$$= \frac{1.74\,x}{\sqrt{\mathrm{Re}_x}}$$

$$\frac{\delta^*}{x} = \frac{1.74}{\sqrt{\mathrm{Re}_x}}$$

10-9

Boundary conditions

$y = 0 \quad u = 0$ (1)

$y = \delta \quad u = U$ (2)

$y = \delta \quad \frac{\partial u}{\partial y} = 0$ (3)

(1)을 이용하면 $A = 0$

(2) (3)을 이용하여

$U = B\delta + C\delta^3 \qquad 0 = B + 3C\delta^2$

두 식을 연립으로 풀면

$B = \frac{3}{2}\left(\frac{U}{\delta}\right) \qquad C = -\frac{1}{2}\frac{U}{\delta^3}$

$$\therefore\ u = \frac{3}{2}\left(\frac{y}{\delta}\right)U - \frac{1}{2}\left(\frac{y}{\delta}\right)^3 U$$

10-10

$\frac{y}{\delta} = \eta$ 라 하면 $dy = \delta d\eta$ 이므로

배제두께는

$$\delta^* = \int_0^\delta \left(1 - \frac{u}{U}\right)dy = \delta\int_0^1 \left\{1 - \sin\left(\frac{\pi\eta}{2}\right)\right\}d\eta = \delta\left[\eta + \frac{2}{\pi}\cos\left(\frac{\pi\eta}{2}\right)\right]_0^1$$

$$= \delta\left[1 + \frac{2}{\pi}cos\left(\frac{\pi}{2}\right) - \frac{2}{\pi}\right] = \delta\left(1 - \frac{2}{\pi}\right)$$

$$\frac{\delta^*}{\delta} = 1 - \frac{2}{\pi} = 0.363$$

운동량 두께

$$\theta = \int_0^\delta \frac{u}{U}\left(1 - \frac{u}{U}\right)dy = \delta\int_0^1 \sin\left(\frac{\pi\eta}{2}\right)\left\{1 - \sin\left(\frac{\pi\eta}{2}\right)\right\}d\eta$$

$$= \delta\left[\int_0^1 \sin\left(\frac{\pi\eta}{2}\right)d\eta - \int_0^1 \sin^2\left(\frac{\pi\eta}{2}\right)d\eta\right]$$

$$= \delta\left(\frac{2}{\pi} - \frac{1}{2}\right)$$

$$\frac{\theta}{\delta} = 0.137$$

10-11

$$\mathrm{Re}_c = 5\times10^5 = \frac{Vx}{\nu}$$

$$x = \frac{5\times10^5\nu}{V} = \frac{5\times10^5\times0.92\times10^{-5}}{110} = 0.0418\ \mathrm{m}$$

10-12

A 면에 유입되는 유량은 (폭 1 m)

$$Q_A = 8\times\frac{0.154}{2}\times1 = 0.616\ \mathrm{m^3/s}$$

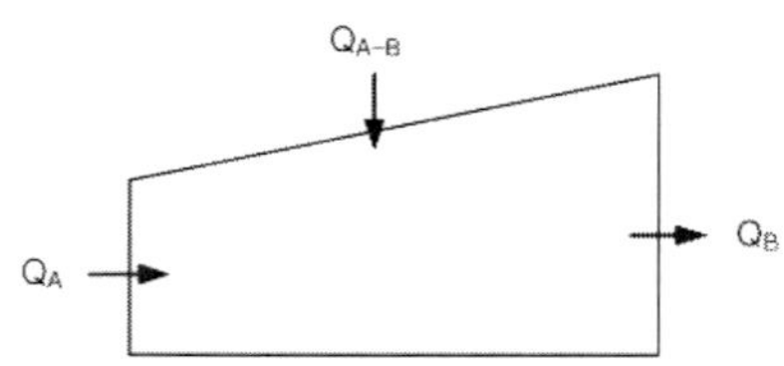

유출유량

$$Q_B = 8\times\frac{0.160}{2}\times1 = 0.640\ \mathrm{m^3/s}$$

$$Q_{A-B} = Q_B - Q_A = 0.024\ \mathrm{m^3/s}$$

$$(mV)_A = Q_A\,\rho\,V_A = 0.616\times1000\times\frac{8}{2} = 2464\ \mathrm{N}$$

$$(mV)_B = Q_B\,\rho\,V_B = 0.640\times1000\times\frac{8}{2} = 2560\ \mathrm{N}$$

$$(mV)_{B-A} = (Q_{A-B})\rho\,U = 0.024\times1000\times8 = 192\ \mathrm{N}$$

$$-\tau_w\times A = (mV)_B - (mV)_A - (mV)_{A-B}$$

$$-\tau_w\times(0.5\times1) = 2560 - 2464 - 192$$

$$\tau_w = 192\ \mathrm{N/m^2}$$

10-13

$$\mathrm{Re}_L = \frac{UL}{\nu} = \frac{3\times20}{\nu} = 3\times10^5\ (\text{층류경계층})$$

$$\nu = 0.0002\ \mathrm{m^2/s}$$

경계층의 두께는

$$\delta = \frac{5.0x}{\sqrt{\mathrm{Re}_x}} = \sqrt{\frac{25\nu x}{U}} = 0.0408x^{\frac{1}{2}}$$

$$A_\delta = \int_0^{20}\delta\,dx = 0.0408\int_0^{20}x^{\frac{1}{2}}dx = 0.0408\left[\frac{2}{3}x^{\frac{3}{2}}\right]_0^{20} = 2.433\ \mathrm{m^2}$$

10-14

먼지의 종속도는 항력과 부력의 합이 무게와 같은 상태이므로

부록에서 공기 300℃의 $\rho = 0.616\ \mathrm{kg/m^3}$ $\mu = 2.93\times10^{-5}\ \mathrm{N\cdot s/m^2}$

$$F_D = 6\pi\mu VR$$

$$F_B = \gamma_{air}\frac{4}{3}\pi R^3$$

$$W = \gamma_{sp}\frac{4}{3}\pi R^3$$

$$F_D + F_B = W$$

$$6\pi\mu VR + \gamma_{air}\frac{4}{3}\pi R^3 = \gamma_{sp}\frac{4}{3}\pi R^3$$

$$V = \frac{D^2(\gamma_{sp} - \gamma_{air})}{18\mu} = \frac{(100\times10^{-6})^2(0.8\times9800 - 0.616\times9.8)}{18\times2.93\times10^{-5}} = 0.148 \text{ m/s}$$

$$\text{Re} = \frac{\rho VD}{\mu} = \frac{0.148\times0.616\times100\times10^{-6}}{2.93\times10^{-5}} = 0.31 < 1.0$$

Stokes 유동으로 보는 것이 타당하다.

10-15

공기의 밀도를 구하자.

$$\rho = \frac{P}{RT} = \frac{101300}{287\times293} = 1.205 \text{ kg/m}^3$$

$$F_D = \frac{1}{2}C_D\rho U^2 A \qquad F_L = \frac{1}{2}C_L\rho U^2 A$$

$$U = \frac{110\times10^3}{3600} = 30.56 \text{ m/s} \qquad A = 0.5\times2 = 1 \text{ m}^2$$

$$C_D = \frac{F_D}{\frac{1}{2}\rho U^2 A} = \frac{6}{\frac{1}{2}\times1.205\times30.56^2\times1} = 0.011$$

$$C_L = \frac{F_L}{\frac{1}{2}\rho U^2 A} = \frac{30}{\frac{1}{2}\times1.205\times30.56^2\times1} = 0.053$$

10-16

20℃ 공기의 성질을 부록에서 찾으면

$\rho = 1.2 \text{ kg/m}^3 \quad \mu = 1.8\times10^{-5} \text{ N}\cdot\text{s/m}^2$

$$V = \frac{130\times10^3}{3600} = 36.11 \text{ m/s}$$

$$\text{Re} = \frac{\rho VD}{\mu} = \frac{1.2\times36.11\times0.0723}{1.8\times10^{-5}} = 1.74\times10^5$$

그림 10.5.7에서 $C_D = 0.45$

$$F_D = C_D\frac{1}{2}\rho U^2 A = 0.45\times\frac{1}{2}\times1.2\times36.11^2\times\frac{\pi}{4}0.0723^2 = 1.45 \text{ N}$$

10-17

20℃ 공기의 부록에서 $\nu = 1.5\times10^{-5}\, m^2/s$

$$\text{Re} = \frac{\frac{30000}{3600}\times0.3}{1.5\times10^{-5}} = 1.67\times10^5$$

그림 10.5.5에서 $C_D = 1.2$

$$F_D = C_D \frac{1}{2} \rho V^2 A = 1.2 \times \frac{1}{2} \times 1.2 \times \left(\frac{30000}{3600}\right)^2 \times (0.3 \times 15) = 225.0 \text{ N}$$

힘의 작용점은 전신주의 중앙(7.5m)에 있으므로

$$M = F_D \times 7.5 = 1687.5 \text{ N} \cdot \text{m}$$

10-18

평판에 작용하는 항력 F_D는 판의 중심에 작용하므로

$$M = F_D (1 + 0.4) = 1.4 F_D$$

$$F_D = \frac{1.5 \times 10^3}{1.4} = 1071.43 \text{ N} = \frac{1}{2} \mathrm{C_D} \rho \mathrm{V}^2 \mathrm{A}$$

$$V = \sqrt{\frac{2 F_D}{C_D \rho A}} = \sqrt{\frac{2 \times 1071.43}{1.018 \times 1.2 \times 1.6 \times 0.8}} = 37.02 \text{ m/s}$$

10-19

5m 지점에서 항력이 몸무게와 같아야 하므로

$$F_D = 120 \times 9.8 = 1176 \text{ N}$$

$$V = \sqrt{2gh} = \sqrt{2 \times 9.8 \times 5} = 9.90 \text{ m/s}$$

$$F_D = C_D \frac{1}{2} \rho V^2 A = 1.2 \times \frac{1}{2} \times 1.2 \times 9.9^2 \times \frac{\pi}{4} D^2$$

$$\therefore \ D = 4.61 \text{ m}$$

$$\mathrm{Re} = \frac{9.8 \times 4.61}{1.5 \times 10^{-5}} = 3.0 \times 10^6 > 1000$$ (주어진 조건을 만족한다)

10-20

$$F = ma = m \frac{dV}{dt}$$

$$-F = F_{D-car} + F_{D-para} = \frac{1}{2} C_{D-car} \rho V^2 \times 1 + \frac{1}{2} C_{D-par} \rho V^2 \times 7$$

$$= \frac{1}{2} \rho V^2 (C_{D-car} + C_{D-par} \times 7) = \frac{1}{2} \times 1.2 \times V^2 [0.21 + (1.2 \times 7)]$$

$$= 5.166 V^2$$

$$dt = -\frac{m}{5.166} \frac{dV}{V^2}$$

$$\int_0^t dt = -\frac{1500}{5.166} \int_{66.7}^{10} \frac{dV}{V^2} = 290.36 \left[\frac{1}{V}\right]_{66.7}^{10} = 24.7 \text{ sec}$$

$$V_o = \frac{240 \times 10^3}{3600} = 66.7 \text{ m/s}$$

또

$$t = 290.36 \left(\frac{1}{V} - \frac{1}{V_o}\right) \qquad 10 = 290.36 \left(\frac{1}{V} - \frac{1}{66.7}\right)$$

$$\therefore \ V = 20.2 \text{ m/s}$$

10-21

$$F_L = C_L \frac{1}{2} \rho V^2 A$$

$$C_L = \frac{F_L}{\frac{1}{2} \rho V^2 A} = \frac{45000}{\frac{1}{2} \times 1.2 \times 50^2 \times 36} = 0.833$$

그림 10.5.11에서 $\alpha = 9^\circ$ $C_D = 0.05$

$$F_D = C_D \frac{1}{2} \rho V^2 A = 0.05 \times \frac{1}{2} \times 1.2 \times 50^2 \times 36 = 2700 \text{ N}$$

$$L = F_D V = 2700 \times 50 = 135 \text{ kW}$$

10-22

$$A = \frac{F_L}{\frac{1}{2} C_L \rho V^2} = \frac{22000}{\frac{1}{2} \times 0.725 \times 1.2 \times 30^2} = 56.2 \text{ m}^2$$

$$C_L = 0.35 \times 0.075 \times 5 = 0.725$$

$$\rho = 1.2 \text{ kg/m}^3$$

10-23

그림 10.5.11에서 Stall 점에서의 양력계수는 $C_L = 1.7$ 이다. 이 때의 속도가 Stall 속도이다.

$$F_L = C_L \frac{1}{2} \rho V_{stall}^2 A$$

$$V_{stall} = \sqrt{\frac{W}{\frac{1}{2} C_L \rho A}} = \sqrt{\frac{2 \times 40000}{1.7 \times 1.2 \times 25}} = 39.6 \text{ m/s}$$

$$V = 1.2 \times 39.6 = 47.5 \text{ m/s}$$

10-24

날개의 무게가 양력과 같을 때 수직방향의 힘은 0 이된다.

$$F_L = W = C_L \frac{1}{2} \rho V^2 A$$

회전운동의 경우 $V = r\omega$ 이고 그림의 빗금친 부분의 미소면적과 작용하는 양력은

$$dA = 0.25 dr$$

$$dF_L = \frac{1}{2} C_L \rho (r\omega)^2 dr \times 0.25$$

$$= \frac{1}{2} \times 0.8 \times 1.2 \times 0.25 (r\omega)^2 dr = 0.12 \omega^2 r^2 dr$$

$$F_L = \int_{0.15}^{1.55} 0.12 \omega^2 r^2 dr = 0.12 \omega^2 \left[\frac{r^3}{3} \right]_{0.15}^{1.55}$$

$$= 0.149 \omega^2 = 10 \text{ N}$$

$$\omega = 8.19 \text{ rad/s}$$

$N = 78.3$ rpm

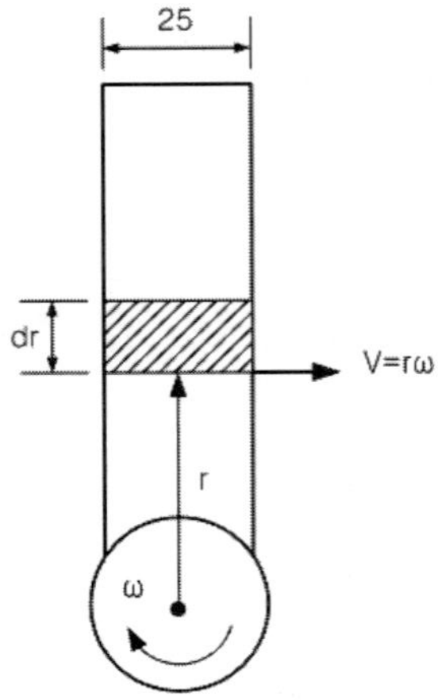

10-25

그림에서 8°에서 $C_L = 0.8$, $C_{L-stall} = 1.7$ 이므로

(1) $$C_L = 0.8 = \frac{W}{\frac{1}{2}\rho V^2 A} = \frac{18000}{\frac{1}{2}\times 1.2\times V^2\times 25}$$ (이륙시 $\rho = 1.2\ \mathrm{kg/m^3}$)

$V = 38.7$ m/s

(2) 10 km에서의 $\rho = 0.4125\ \mathrm{kg/m^3}$

$$1.7 = \frac{18000}{\frac{1}{2}\times 0.4125\times V^2\times 25}$$

$V = 45.3$ m/s

10-26

$F_L = W$ 에서 이륙이 되므로

$$18000 = C_L\frac{1}{2}(1.2)(40)^2(30)$$

$C_L = 0.625 = 0.35 + 0.072\alpha \qquad \alpha = 3.8^\circ$

$C_D = 0.008 + (0.0075\times 3.8) = 0.037$

$$F_D = C_D\frac{1}{2}\rho V^2 A = \frac{1}{2}(0.037)(40^2)(1.2)(30) = 1.066\ \mathrm{kN}$$

$L = F_D V = 1.066 \times 40 = 42.62$ kW

순항동력 $L_c = 21.31$ kW

10-27

1 atm, 20℃ 공기의 밀도는 $\rho = 1.2\ \mathrm{kg/m^3}$, $\nu = 1.5\times 10^{-5}\ \mathrm{m^2/s}$ 이고

$V = 72\ \mathrm{km/hr} = 20\ \mathrm{m/s}$ 이므로

$$Re = \frac{V\ell}{\nu} = \frac{20\times 6}{1.5\times 10^{-5}} = 8.0\times 10^6$$

난류경계층으로 평판의 난류경계층에서 마찰항력계수를 구한다.

$$C_{Df} = \frac{0.031}{Re_L^{1/7}} = \frac{0.031}{(8.0\times 10^6)^{1/7}} = 0.0032$$

자동차 위, 아래 측면의 넓이는

$$A = 2(A_{side} + A_{up}) = 2\times(2+2.4)\times 6 = 52.8\ \mathrm{m^2}$$

$$F_{Df} = C_{Df}\frac{1}{2}\rho V^2 A$$
$$= \frac{1}{2}\times 0.0032\times 1.2\times 20^2\times 52.8 = 40.6\ \mathrm{N}$$

전체항력은 그림 10.5.6(a)에서 항력계수가 $C_D = 2.1$ 이므로

$$F_D = C_D \frac{1}{2} \rho V^2 A$$
$$= \frac{1}{2} \times 2.1 \times 1.2 \times 20^2 \times 2.4 \times 2 = 2419.2 \text{ N}$$

압력항력은 전체항력에서 마찰항력을 제외하면 얻을 수 있으므로

$F_{Dp} = F_D - F_{Df} = 2419.2 - 40.6 = 2378.6 \text{ N}$

자동차에 필요한 동력은

$L_t = F_D V = 2419.2 \times 20 = 48384 \text{ W}$

마찰항력: 40.6 N

전체항력 : 2419.2 N

압력항력 : 2378.6 N

동력 : 48.4 kW

10-28

물의 밀도는 $\rho = 1000 \text{ kg/m}^3$, $\nu = 1.307 \times 10^{-6} \text{ m}^2/\text{s}$ 이므로

$$Re = \frac{VD}{\nu} = \frac{5 \times 0.1}{1.307 \times 10^{-6}} = 3.8 \times 10^5$$

그림 10.5.5에서 $C_D = 1.2$

$$F_D = \frac{1}{2} C_D \rho V^2 A = \frac{1}{2} \times 1.2 \times 1000 \times 5^2 \times 10 \times 0.1 = 15.0 \text{ KN}$$

10-29

1 atm, 20℃ 공기의 밀도는 $\rho = 1.2 \text{ kg/m}^3$, $\nu = 1.5 \times 10^{-5} \text{ m}^2/\text{s}$ 이고 $V = 20 \text{ m/s}$ 이므로

$$Re = \frac{VD}{\nu} = \frac{20 \times 0.15}{1.5 \times 10^{-5}} = 2.0 \times 10^5$$

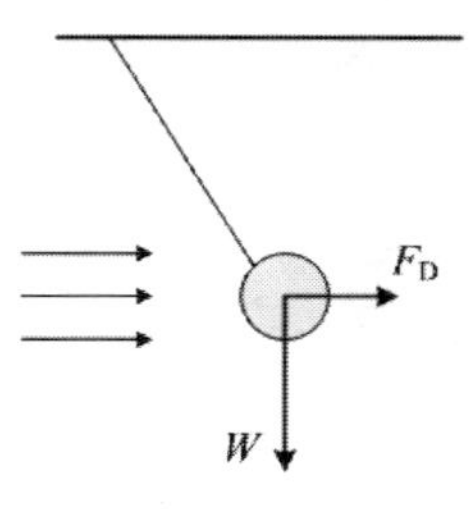

그림 10.5.7에서 $C_D = 0.45$

$$F_D = \frac{1}{2} C_D \rho V^2 A = \frac{1}{2} \times 0.45 \times 1.2 \times 20^2 \times \frac{0.15^2 \pi}{4} = 1.91 \text{ N}$$

$W = mg = 0.6 \times 9.8 = 5.88 \text{ N}$

$$\theta = \tan^{-1} \frac{F_D}{W} = \theta = \tan^{-1} \frac{1.91}{5.88} = 18°$$

10-30

육면체가 넘어질 조건은 한쪽 모서리에 작용하는 항력의 모멘트가 무게에 의한 모멘트보다 클 때이므로

$$F_D \times 1.5 \geq W \times 1, \quad F_D \geq \frac{W}{1.5} = 2613.3 \text{ N}$$

그림 10.5.6(a)에서 항력계수는 $C_D = 2.1$ 이고

$$F_D = \frac{1}{2} C_D \rho V^2 A = \frac{1}{2} \times 2.1 \times 1.2 \times V^2 \times 6 \times 3 = 22.68 V^2 \text{ N}$$

$22.68 V^2 \geq 2613.3 \qquad V \geq 10.7 \text{ m/s}$

10-31

이륙할 때 비행기의 양력은 무게와 같다.

만석일 경우 다음과 같다.

$$V = \frac{252000}{3600} = 70 \text{ m/s}$$

$$W = F_L = 200000 \times 9.8 = \frac{1}{2} C_D \rho V^2 A$$

$$\frac{1}{2} C_D \rho A = \frac{200000 \times 9.8}{70^2} = 400$$

활주거리는 $V = at$ 이므로

$$\ell = \frac{1}{2} a t^2 = \frac{1}{2} V t = 490 \qquad t = 14 \sec$$ (이륙하는데 걸리는 시간)

$$a = \frac{V}{t} = \frac{70}{14} = 5 \text{ m/s}^2$$

비행기 추진동력은

$$F_t = m a = 200000 \times 5 = 1.0 \text{ GN}$$

질량이 18만 kg이면 추진력은 동일하므로 가속도는

$$a = \frac{F}{m} = \frac{1000000}{180000} = 5.6 \text{ m/s}^2$$

$$W = F_L = 180000 \times 9.8 = \frac{1}{2} C_D \rho V^2 A = 400\ V^2$$

$$V = 66.4 = at = 5.6t \qquad t = 11.9 \sec$$

활주로 길이는

$$\ell = \frac{1}{2} a t^2 = \frac{1}{2} \times 5.6 \times 11.9^2 = 396.5 \text{ m}$$

이륙속도 66.4 m/s 또는 239.0 km/hr

활주로 길이는 396.5 m

제 11 장

11-1

$\gamma LSA = \tau_w PL$

$$\tau_w = \frac{\gamma LSA}{PL} = \gamma \frac{A}{P} S = \gamma R_h S$$

$$R_h = \frac{A}{P} = \frac{4 \times 1.5}{1.5 \times 2 + 4} = 0.857$$

$$S = \frac{\Delta z}{L} = \frac{2}{100} = 0.02$$

$$\tau_w = \gamma R_h S = 9800 \times 0.857 \times 0.02 = 168.0 \text{ N/m}^2$$

11-2

경사도 $S = \tan 2 = 0.0349$

$$R_h = \frac{A}{P} = \frac{\frac{1}{8}\pi D^2}{\frac{1}{2}\pi D} = \frac{D}{4} = 0.75 \text{ m}$$

$$\tau_w = \gamma R_h S = 9800 \times 0.0349 \times 0.75 = 256.5 \text{ N/m}^2$$

11-3

$V = \sqrt{\dfrac{8gSR_h}{\lambda}}$ 이므로

$$R_h = \frac{A}{P} = \frac{3 \times 2}{3 + 4} = 0.857 \text{ m}$$

$$V = \sqrt{\frac{8 \times 9.8 \times 0.001 \times 0.857}{0.02}} = 1.83 \text{ m/s}$$

$$C = \sqrt{\frac{8g}{\lambda}} = \sqrt{\frac{8g}{0.02}} = 62.6 \text{ m}^{1/2}/\text{s}$$

11-4

$$R_h = \frac{A}{P} = \frac{3 \times 1.8}{3.6 + 3} = 0.818 \text{ m}$$

$$C = \sqrt{\frac{8g}{\lambda}}$$

$$\lambda = \frac{8g}{C^2} = \frac{8 \times 9.8}{50^2} = 0.0314$$

$$C = \frac{1}{n} R_h^{\frac{1}{6}}$$

$$n = \frac{1}{C} R_h^{\frac{1}{6}} = \frac{1}{50}(0.818)^{\frac{1}{6}}$$

$n = 0.0193$

11-5

$$R_h = \frac{A}{P} = \frac{2\times 1.2}{2.4+2} = 0.545 \text{ m}$$

$n = 0.012$

$$Q = \frac{1}{n} A R_h^{2/3} S^{1/2} = \frac{1}{0.012}(2\times 1.2)(0.545)^{2/3} 0.001^{1/2} = 4.219 \text{ m}^3/\text{s}$$

11-6

$$R_h = \frac{A}{P} = \frac{0.693\times 1.2}{1.39\times 2} = 0.299 \text{ m}$$

$n = 0.015$

$$Q = \frac{1}{n} A R_h^{2/3} S^{1/2} = \frac{1}{0.015}(0.693\times 1.2)(0.299)^{2/3} 0.01^{1/2}$$

$$= 2.48 \text{ m}^3/\text{s}$$

11-7

$$R_h = \frac{A}{P} = \frac{y^2 \tan 30}{\dfrac{2y}{\cos 30}} = 0.25y \text{ m} \qquad n = 0.017$$

$$V = \frac{1}{n} R_h^{2/3} S^{1/2} \qquad 1.0 = \frac{1}{0.017}(0.25y)^{2/3}(0.0014)^{1/2}$$

$y = 1.23 \text{ m}$

11-8

수로의 지름을 d 라 하면

$$A = \frac{\pi d^2}{8} \qquad P = \frac{\pi d}{2} \qquad R_h = \frac{A}{P} = \frac{d}{4}$$

$$Q = \frac{1}{n} A R_h^{2/3} S^{1/2} \qquad 2.5 = \frac{1}{0.013}\left(\frac{\pi d^2}{8}\right)\left(\frac{d}{4}\right)^{2/3}(0.016)^{1/2}$$

$d = 1.206 \text{ m}$

11-9

4각 수로의 최적 형태는 $b = 2h$ 이므로

$$A = 2h^2 \qquad P = 4h \qquad R_h = \frac{h}{2}$$

$$Q = \frac{1}{n} A R_h^{2/3} S^{1/2} \qquad 2.5 = \frac{1}{0.013}(2h^2)\left(\frac{h}{2}\right)^{2/3}(0.016)^{1/2}$$

$h = 0.551 \text{ m}$

반원형 수로의 단면적 $A_{sc} = \dfrac{\pi \times 1.206^2}{8} = 0.571 \text{ m}^2$

사각형 수로의 단면적 $A_R = 2h^2 = 0.607 \text{ m}^2$

사각형 수로의 단면적이 더 넓다.

11-10

$$R_h = \frac{A}{P} = \frac{2\times 3}{3+4} = 0.857\ \mathrm{m}$$

$$Q = \frac{1}{n} A R_h^{2/3} S^{1/2}$$

$$S = \left(\frac{nQ}{AR_h^{2/3}}\right)^2 = \left(\frac{0.016\times 10}{6\times 0.857^{2/3}}\right)^2 = 0.00087$$

11-11

(1) $A = by \qquad b = 2y \qquad 4y^2 = 10$

$y = 3\ \mathrm{m} \qquad b = 6\ \mathrm{m}$

(2) $A = 18 = by + 2y^2 \qquad R_h = \frac{y}{2} = \frac{18}{b + 2\sqrt{5}\,y}$

$b = 1.27\ \mathrm{m} \qquad y = 2.7\ \mathrm{m}$

11-12

삼각형 경제적인 수로는

$A = zy^2 \qquad P = 2y\sqrt{1+z^2} \qquad z = \tan\alpha \qquad y = \sqrt{\frac{A}{z}}$

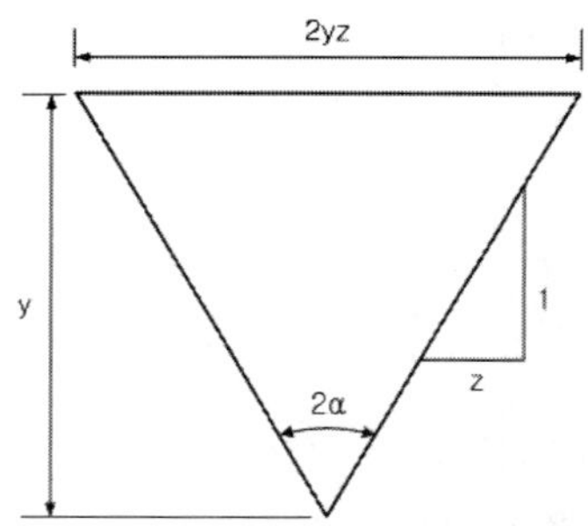

$$R_h = \frac{A}{P} = \frac{A}{2y\sqrt{1+z^2}} = \frac{A}{2\sqrt{A}\left(z+\frac{1}{z}\right)^{1/2}}$$

$$\frac{dR_h}{dz} = 0 = \frac{d}{dz}\left(z+\frac{1}{z}\right)^{-\frac{1}{2}} = -\frac{\frac{1}{2}\left(1-\frac{1}{z^2}\right)}{\left(z+\frac{1}{z}\right)^{-\frac{3}{2}}}$$

$z = 1 \quad \tan\alpha = 1 \qquad \alpha = 45^\circ$

$2\alpha = 90^\circ$

∴ 사이각이 90도인 이등변 삼각형이다.

11-13

$Q = \frac{1}{n} A R_h^{2/3} S^{1/2}$ 경제적인 수로는 $b = 2y$

$R_h = \frac{y}{2} \qquad A = 2y^2$

$$Q = 45 = \frac{1}{0.035}(2y^2)\left(\frac{y}{2}\right)^{2/3}(0.001)^{1/2}$$

$y = 3.97\ \mathrm{m} \quad b = 7.94\ \mathrm{m}$ 사이각도 120도

11-14

(1) 문제 12에서 경제적인 삼각형 수로는 사이각이 90도 이므로 깊이를 y 라 하면

$A = \frac{1}{2}(2y^2) = y^2 \qquad P = 2y\sqrt{2} = 2.828y$

$$Q = \frac{1}{n} A R_h^{2/3} S^{1/2} = \frac{1}{n}\frac{A^{5/3}}{P^{2/3}} S^{1/2}$$

$$\frac{A^{5/3}}{P^{2/3}} = \frac{nQ}{S^{1/2}} = \frac{0.035 \times 45}{0.001^{1/2}} = 49.81 \qquad 49.81 = \frac{(y^2)^{5/3}}{(2.828\,y)^{2/3}}$$

$y = 5.62$ m

∴ 사이각이 90도 이고 깊이가 5.62 m 인 삼각형 수로

(2) 경제적인 사다리꼴 수로는 정육각형의 1/2 이므로 깊이를 y 라 하면

$$A = (1.155\,y)\,y + 2\left(\frac{y^2 \tan 30^\circ}{2}\right) = 1.732\,y^2$$

$$P = 3(1.155\,y) = 3.465\,y$$

$$\frac{A^{5/3}}{P^{2/3}} = \frac{nQ}{S^{1/2}} = 49.81 = \frac{(1.732\,y^2)^{5/3}}{(3.465\,y)^{2/3}}$$

$y = 4.19$ m

∴ 사이각이 120도 이고 깊이가 4.19 m 인 사다리꼴 수로

11-15

유동상태의 판단은 $\mathrm{Fr} = \dfrac{V}{\sqrt{g\,y_m}}$ 이므로

$$V = \frac{1}{n} R_h^{2/3} S^{1/2}$$

$A = 3.03\ \mathrm{m}^2 \qquad P = 8\ \mathrm{m} \qquad R_h = 0.379\ \mathrm{m}$

$$V = \frac{1}{0.013}(0.379)^{2/3}(0.01)^{1/2} = 4.03\ \mathrm{m/s}$$

자유표면의 폭 $B = 3 + 2 = 5$

$$y_m = \frac{A}{B} = \frac{3.03}{5} = 0.606$$

$$\mathrm{Fr} = \frac{V}{\sqrt{g\,y_m}} = \frac{4.03}{\sqrt{9.8 \times 0.606}} = 1.65 > 1.0$$

∴ 초임계유동이다.

11-16

$Q = 6.2\ \mathrm{m^3/s} \qquad b = 3\ \mathrm{m}$

y	0.5 m	1 m	2 m
V	4.13	2.07	1.03
$\dfrac{V^2}{2g}$	0.87	0.22	0.054
E	1.37	1.22	2.054

$$y_c = \left(\frac{q^2}{g}\right)^{\frac{1}{3}} = 0.758\ \mathrm{m}$$

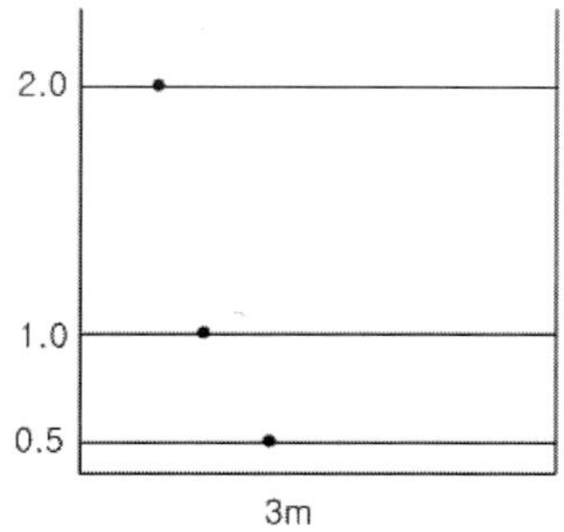

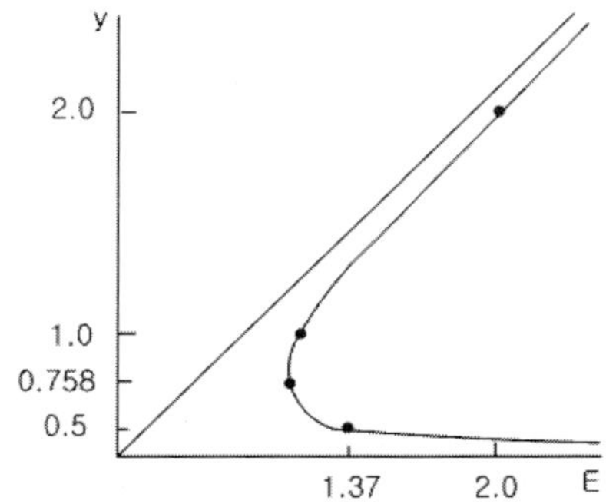

11-17

$Q = 1.0 \text{ m}^3/\text{s} \qquad b = 2.2 \text{ m} \qquad E = 2.0$

$q = \dfrac{Q}{b} = \dfrac{1.0}{2.2} = 0.455 \text{ m}^3/\text{m} \cdot \text{s}$

$E = y + \dfrac{q^2}{2gy^2}$

$2.0 = y + \dfrac{0.0105}{y^2}$

$y = 1.99$ m　$y = 0.11$ m (반복법을 이용하여)

$y_c = 0.276$ m

11-18

$A = \dfrac{\pi R^2}{2} \qquad P = \pi R \qquad R_h = \dfrac{A}{P} = \dfrac{R}{2}$

$Q = \dfrac{1}{n} A R_h^{2/3} S^{1/2} \qquad 2.4 = \dfrac{1}{0.025}\left(\dfrac{\pi R^2}{2}\right)\left(\dfrac{R}{2}\right)^{2/3}\left(\dfrac{0.2}{100}\right)^{1/2}$

$R = 1.12$ m

11-19

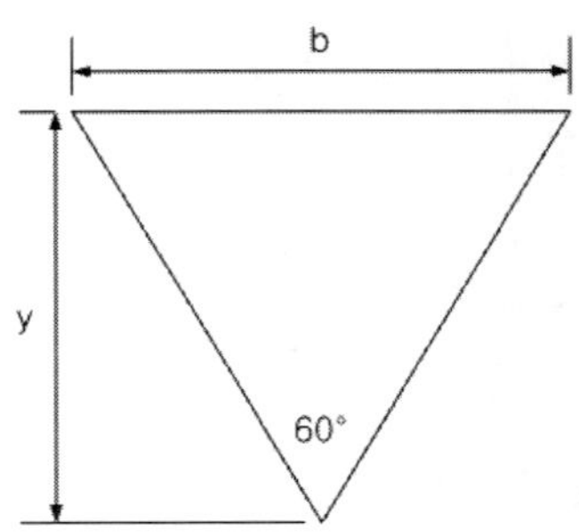

수로의 자유수면의 폭을 b 라 하면 임계상태에서

$\dfrac{Q^2 b}{g A^3} = 1$

$b = 2(y\tan 30) = 1.155y$

$A = y \cdot y\tan 30 = 0.577y^2$

$\dfrac{(0.4^2)(1.155y)}{9.8 \times (0.577y^2)^3} = 1$

$\therefore \; y = 0.63$ m

11-20

임계 깊이를 구하자.

$$y_c = \left(\frac{q^2}{g}\right)^{\frac{1}{3}} = \left[\frac{\left(\frac{27}{3}\right)^2}{9.8}\right]^{1/3} = 2.02 \text{ m}$$

임계 깊이가 2.02 m 이므로 유동깊이는 1.2 m 에서 2.5 m 사이로 증가하게 된다.

11-21

$R_h = \lim_{b\to\infty} \frac{by}{b+2y} = y$, $V = \frac{1}{n} R_h^{2/3} S^{1/2}$ $V_c = \sqrt{g y_c}$ 이므로

$$\sqrt{9.8 y_c} = \frac{1}{0.014}(y_c)^{2/3}(0.0024)^{1/2}$$

$$y_c = 0.51 \text{ m}$$

$$q = y_c V_c = y_c \sqrt{g y_c} = 0.51\sqrt{9.8\times 0.51} = 1.14 \text{ m}^3/\text{s}\cdot\text{m}$$

11-22

(1) $E = y + \frac{V^2}{2g} = 0.6 + \frac{4.5^2}{2\times 9.8} = 1.63 \text{ m}$

$$y_c = \frac{2}{3}E = \frac{2}{3}\times 1.63 = 1.09 \text{ m}$$

(2) $q = yV = 0.6\times 4.5 = 2.7 \text{ m}^3/\text{s}\cdot\text{m}$

$$y_c = \left(\frac{q^2}{g}\right)^{\frac{1}{3}} = \left(\frac{2.7^2}{9.8}\right)^{1/3} = 0.91 \text{ m}$$

11-23

(1) $Q = \frac{1}{n} A R_h^{2/3} S^{1/2}$ $3.4 = \frac{1}{0.013}(3\times 0.5)\left(\frac{3\times 0.5}{4}\right)^{2/3}(S)^{1/2}$

$\therefore\ S = 0.00321$

(2) $q = \frac{3.4}{3} = 1.13 \text{ m}^3/\text{s}\cdot\text{m}$

$$y_c = \left(\frac{q^2}{g}\right)^{\frac{1}{3}} = \left(\frac{1.13^2}{9.8}\right)^{1/3} = 0.51 \text{ m}$$

$$V_c = \sqrt{g y_c} = \sqrt{9.8\times 0.51} = 2.23 \text{ m/s}$$

$V = \frac{1}{n} R_h^{2/3} S^{1/2}$ $2.23 = \frac{1}{n}\left(\frac{3\times 0.5}{4}\right)^{2/3}(0.00321)^{1/2}$

$\therefore\ n = 0.0132$

11-24

$$c = \frac{14400}{3600} = 4 \text{ m/s}$$

(11.6.3) 식에서

(1) $c^2 = gy\left(1 + \frac{\Delta y}{y}\right)\left(1 + \frac{\frac{1}{2}\Delta y}{y}\right) = 9.8y\left(1 + \frac{0.5}{y}\right)\left(1 + \frac{0.25}{y}\right)$

$$9.8y^2 - 8.65y + 1.225 = 0$$

$$y = \frac{8.65 + \sqrt{8.65^2 - (4)(9.8)(1.225)}}{2 \times 9.8} = 0.705 \text{ m}$$

(2) $c^2 = 9.8y\left(1 + \dfrac{0.1}{y}\right)\left(1 + \dfrac{0.05}{y}\right) \qquad 9.8y^2 - 14.53y + 0.049 = 0$

$y = 1.48 \text{ m}$

$\therefore$ $\Delta y \to 0$ 이면 $c = \sqrt{gy}$ 이다. 또 파고가 높으면 수심은 얕다.

11-25

보의 높이는 $H = E_o - E_{\min}$

$$V = \frac{Q}{A} = \frac{3.2}{3 \times 1} = 1.07 \text{ m/s}$$

$$E_o = y + \frac{V^2}{2g} = 1 + \frac{1.07^2}{2 \times 9.8} = 1.06 \text{ m}$$

$$y_c = \left(\frac{q^2}{g}\right)^{\frac{1}{3}} = \left[\frac{\left(\frac{3.2}{3}\right)^2}{9.8}\right]^{1/3} = 0.488 \text{ m}$$

$$E_{\min} = \frac{3}{2}y_c = \frac{3}{2} \times 0.488 = 0.73 \text{ m}$$

$$H = E_o - E_{\min} = 1.06 - 0.73 = 0.33 \text{ m}$$

11-26

$q = \dfrac{2.2}{2} = 1.1 \text{ m}^3/\text{s} \cdot \text{m} \qquad V = \dfrac{q}{y} = \dfrac{1.1}{1.2} = 0.917 \text{ m/s}$

$$E_o = y + \frac{V^2}{2g} = 1.2 + 0.043 = 1.243 \text{ m}$$

$$y_c = \left(\frac{q^2}{g}\right)^{\frac{1}{3}} = 0.50 \text{ m}$$

$$E_{\min} = \frac{3}{2}y_c = 0.75 \text{ m}$$

(1) $E_o - 0.2 = 1.043 > E_{\min}$ 임계깊이에 달하지 못한다.

(2) $q = \dfrac{2.2}{1.5} = 1.47 \text{ m}^3/\text{s} \cdot \text{m} \qquad y_c = \left(\dfrac{1.47^2}{g}\right)^{\frac{1}{3}} = 0.603 \text{ m}$

$$E_{\min} = \frac{3}{2}y_c = 0.91 \text{ m}$$

$0.91 < 1.243$ 이므로 계속 아임계 상태이다.

11-27

$c = \sqrt{gy} = \sqrt{9.8 \times 3} = 5.42 \text{ m/s}$

중력파가 상류에 도달하는데 걸리는 시간에서 하류에 도달하는데 걸리는 시간을 빼면 된다.

$$\Delta t = \frac{\frac{D}{2}}{V - c} - \frac{\frac{D}{2}}{V + c} = \frac{50}{6 - 5.42} - \frac{50}{6 + 5.42} = 81.8 \text{ sec}$$

11-28

(1) $H_2 = \dfrac{H_1}{2}\left\{-1+\sqrt{1+8\left(\dfrac{q^2}{gH_1^3}\right)}\right\} = \dfrac{0.93}{2}\left\{-1+\sqrt{1+8\left(\dfrac{\left(\dfrac{14}{3}\right)^2}{(9.8)(0.93)^3}\right)}\right\} = 1.77\ \text{m}$

(2) $H_\ell = \dfrac{(H_2-H_1)^3}{4H_1H_2} = \dfrac{(1.77-0.93)^3}{(4)(0.93)(1.77)} = 0.09\ \text{m (Water)}$

(3) $V_1 = \dfrac{Q}{A_1} = \dfrac{14}{0.93\times 3} = 5.02\ \text{m/s}$

$V_2 = \dfrac{Q}{A_2} = \dfrac{14}{1.77\times 3} = 2.64\ \text{m/s}$

11-29

$q = \left\{gH_1H_2\left(\dfrac{H_1+H_2}{2}\right)\right\}^{1/2} = \left\{g(1.7)(3.2)\left(\dfrac{(1.7)+(3.2)}{2}\right)\right\}^{1/2} = 11.43\ \text{m}^3/\text{m}\cdot\text{s}$

$Q = qb = 11.43\times 10 = 114.3\ \text{m}^3/\text{s}$

11-30

(1) $\text{Fr} = \dfrac{V}{\sqrt{gy}}$ $\text{Fr}_1 = \dfrac{16}{\sqrt{9.8\times 1.2}} = 4.67$

$\text{Fr}^2 = \dfrac{q^2}{gy^3}$ 이므로 $q^2 = \text{Fr}_1^2\, g y_1^3$

$\text{Fr}_2 = \sqrt{\dfrac{q^2}{gy_2^3}} = \text{Fr}_1\left(\dfrac{2}{-1+\sqrt{1+8\,\text{Fr}_1^2}}\right)^{3/2} = 4.67\left(\dfrac{2}{-1+\sqrt{1+(8)(4.67)^2}}\right)^{3/2}$

$= 0.308$

(2) $y_2 = \dfrac{y_1}{2}\left(-1+\sqrt{1+8\,\text{Fr}_1^2}\right) = \dfrac{1.2}{2}\left(-1+\sqrt{1+(8)(4.67)^2}\right) = 7.35\ \text{m}$

$\text{Fr}_2 = \dfrac{V_2}{\sqrt{gy_2}} = 0.308$

$V_2 = 0.308\sqrt{9.8\times 7.35} = 2.61\ \text{m/s}$

(3) $H_\ell = \dfrac{(y_2-y_1)^3}{4y_1y_2} = \dfrac{(7.35-1.2)^3}{(4)(1.2)(7.35)} = 6.59\ \text{m}$

$Q = AV = 10\times 1.2\times 16 = 192\ \text{m}^3/\text{s}$

$L = \gamma H_\ell Q = 9800\times 192\times 6.59 = 12.4\ \text{MW}$

11-31

(1) $q = \dfrac{3}{3} = 1.0\ \text{m}^3/\text{s}\cdot\text{m}$

$y_c = \left(\dfrac{q^2}{g}\right)^{1/3} = \left(\dfrac{1^2}{9.8}\right)^{1/3} = 0.467\ \text{m}$

$\therefore\ y_o = 0.5 > 0.467$ 이므로 수력도약은 없다.

(2) $E = y + \dfrac{1}{2g}\left(\dfrac{q}{y}\right)^2$

$E_o = 0.5 + \dfrac{1}{2g}\left(\dfrac{1}{0.5}\right)^2 = 0.704 \text{ m} \qquad E_{\min} = \dfrac{3}{2}y_c = \dfrac{3}{2}\times 0.467 = 0.701 \text{ m}$

$\Delta H = E_o - E_{\min} = 0.704 - 0.701 = 0.003 \text{ m}$

수중보의 높이 20 cm 이므로 20 cm > 0.003 m 여서 수중보에서 임계깊이 y_c 로 흐르게 된다.

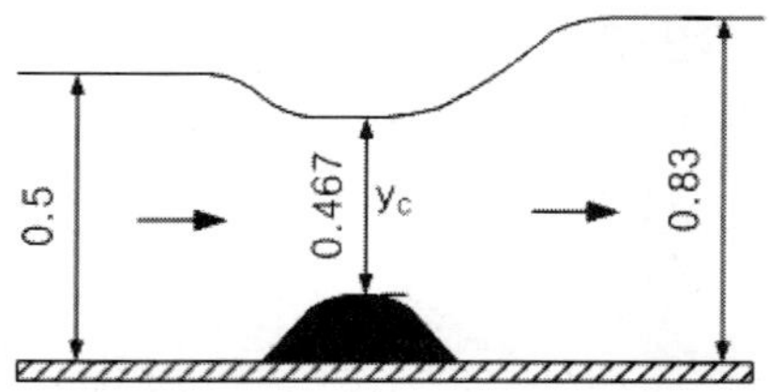

수중보를 지난 직 후의 깊이를 y_1 이라 하면

$E_1 = E_{\min} + 0.2 = 0.701 + 0.2 = 0.901 \text{ m}$

$E_1 = y_1 + \dfrac{1}{2g}\left(\dfrac{1}{y_1}\right)^2 = 0.901 \text{ m}$

반복법으로 $y_1 = 0.83,\ 0.29$ m 이다.

수중보를 지나서 수심이 0.29m 가 되는 초임계 흐름이 될 이유는 없다. 계속 $y_1 = 0.83$ m 의 아임계 흐름이 될것이다.

11-32

비에너지 식을 적용하자.

$$3 + \frac{q^2}{2g(3)^2} = y_2 + \frac{q^2}{2gy_2^2} \qquad (1)$$

$$1.7 + \frac{q^2}{2g(1.7)^2} = y_2 + \frac{q^2}{2gy_2^2} \qquad (2)$$

$$3 + \frac{q^2}{2g(3)^2} = 1.7 + \frac{q^2}{2g(1.7)^2}$$

$q = 10.12 \text{ m}^3/\text{s} \cdot \text{m}$

$Q = qb = 1.5 \times 10.4 = 15.18 \text{ m}^3/\text{s}$

제 12 장

12-1

$C_p = 1004 \text{ J/kg} \cdot \text{K} \qquad k = 1.4$

$$R = \frac{k-1}{k} C_p = \frac{1.4-1}{1.4} \times 1004 = 287 \text{ J/kg} \cdot \text{K}$$

12-2

등엔트로피 관계식을 이용하자.

(1) $\dfrac{T_2}{T_1} = \left(\dfrac{P_2}{P_1}\right)^{\frac{k-1}{k}}$

$$T_2 = T_1\left(\frac{P_2}{P_1}\right)^{\frac{k-1}{k}} = (273+15)\left(\frac{200}{100}\right)^{\frac{1.4-1}{1.4}} = 351.1 \text{ K} = 78.1 ℃$$

(2) $P_1 v_1^k = P_2 v_2^k \qquad P_1 \widetilde{V_1^k} = P_2 \widetilde{V_2^k}$

$$\widetilde{V_2} = \widetilde{V_1}\left(\frac{P_1}{P_2}\right)^{\frac{1}{k}} = 150\left(\frac{100}{200}\right)^{\frac{1}{1.4}} = 91.43 \text{ m}^3$$

12-3

$\Delta u = C_v(T_2 - T_1) = 0.716(50 - 20) = 21.48 \text{ kJ/kg}$

$\Delta U = m\Delta u = 20 \times 21.48 = 429.6 \text{ kJ}$

$\Delta h = C_p(T_2 - T_1) = 1.003(50 - 20) = 30.09 \text{ kJ/kg}$

$\Delta H = m\Delta h = 20 \times 30.09 = 601.8 \text{ kJ}$

12-4

$\dfrac{T_2}{T_1} = \left(\dfrac{P_2}{P_1}\right)^{\frac{k-1}{k}} = \left(\dfrac{v_1}{v_2}\right)^{k-1}$ 등엔트로피 상태식

(1) $T_2 = T_1\left(\dfrac{v_1}{v_2}\right)^{k-1} = 293\left(\dfrac{1}{0.5}\right)^{1.4-1} = 386.6 \text{ K} = 113.6 ℃$

(2) $\dfrac{P_2}{P_1} = \left(\dfrac{v_1}{v_2}\right)^k$

$$P_2 = P_1\left(\frac{v_1}{v_2}\right)^k = 100\left(\frac{1}{0.5}\right)^{1.4} = 263.9 \text{ kPa}$$

(3) 열역학 1법칙에 의해서

$dq = du + Pdv$

단열과정이므로 $dq = 0$ 이고 일은 내부에너지 변화량과 같다.

$$work = \int pdv = -\int du = -\int C_v dT$$

$\Delta u = C_v(T_2 - T_1) = 0.716(386.6 - 293) = 67.02 \text{ kJ/kg}$

$Work = -\Delta U = -m\Delta u = -(20)(67.02) = -1340.4 \text{ kJ}$ (-는 압축일)

$\Delta h = C_p(T_2 - T_1) = 1.003(386.6 - 293) = 93.88 \text{ kJ/kg}$

$\Delta H = m\Delta h = 20 \times 93.88 = 1877.6\ \text{kJ}$

12-5

$$E = \rho \frac{dP}{d\rho} = 2.19 \times 10^9\ \text{N/m}^2$$

$$c = \sqrt{\frac{dP}{d\rho}} = \sqrt{\frac{E}{\rho}} = \sqrt{\frac{2.19 \times 10^9}{1000}} = 1479.9\ \text{m/s}$$

12-6

부록에서 고도에 따른 온도를 이용하면

고도(m)	온도(K)	음속(m/s)	M
0	288.16	340.3	0.94
1000	281.66	336.4	0.95
5000	255.66	320.5	1.0
10000	223.16	299.4	1.07

$c = \sqrt{kRT} = \sqrt{1.4 \times 287 \times T}$ $\quad\quad$ $\text{M} = \dfrac{V}{c}$

12-7

$c = \sqrt{kRT} = \sqrt{1.4 \times 287 \times 293} = 343.1\ \text{m/s}$

거리는 $S = 2c = 343.1 \times 2 = 686.2\ \text{m}$

12-8

$$\sin\alpha = \frac{1}{\text{M}} = \frac{c}{V}$$

$$c = \sqrt{kRT} = \sqrt{1.4 \times 287 \times 293} = 343.1\ \text{m/s}$$

$$\sin\alpha = \frac{343.1}{800} = 0.429$$

$$\tan\alpha = 0.474 = \frac{1500}{L}$$

$$L = 3164.6\ \text{m}$$

$$\Delta t = \frac{L}{V} = \frac{3164.6}{800} = 3.95\ \text{sec}$$

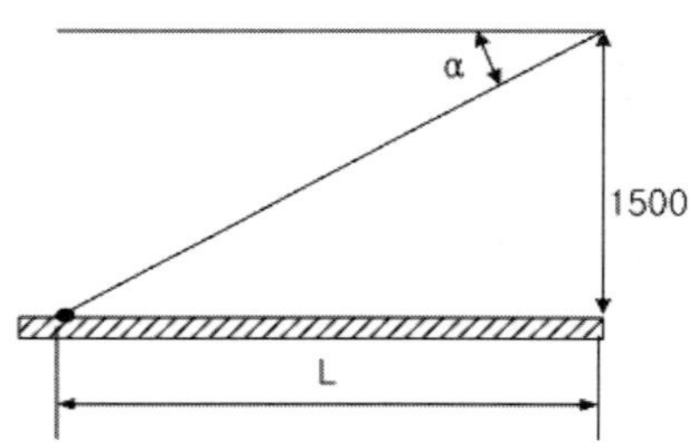

12-9

마하각을 α 라 하면

$$\sin\alpha = \frac{1}{\text{M}} = \frac{1}{1.8} = 0.556$$

$$c = \sqrt{kRT} = \sqrt{1.4 \times 287 \times 283} = 337.2\ \text{m/s}$$

$$V = \text{M}\, c = 1.8 \times 337.2 = 607.0\ \text{m/s}$$

$$L = V\Delta t = 607.0 \times 3 = 1821.0\ \text{m}$$

$$\tan\alpha = \frac{H}{L} = \frac{H}{1821} = 0.668$$

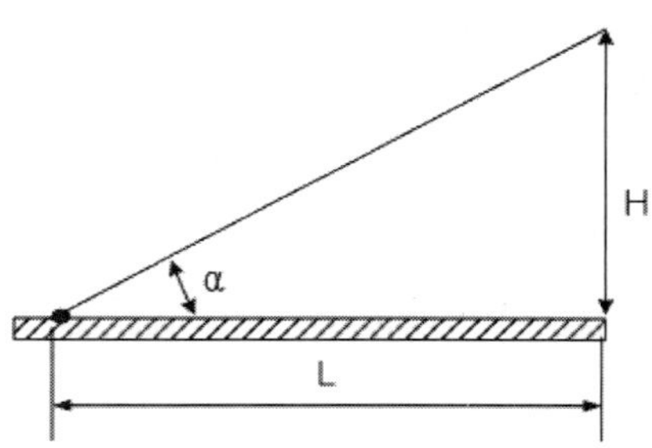

$\therefore\ H = 1216.4\ \text{m}$

12-10

등엔트로피(단열) 변화이므로

$C_p T_1 + \dfrac{V_1^2}{2} = C_p T_2 + \dfrac{V_2^2}{2}$ $\qquad 1003(250+273) + \dfrac{72^2}{2} = 1003 T_2 + \dfrac{300^2}{2}$

$T_2 = 480.7\ \text{K} = 207.7\,℃$

정체상태는 $V = 0$ 이므로

$$C_p T_o = C_p T_1 + \frac{V_1^2}{2}$$

$$T_o = T_1 + \frac{V_1^2}{2C_p} = (250+273) + \frac{72^2}{2\times 1003} = 525.6\ \text{K} = 252.6\,℃$$

12-11

부록에서 500m 상공의 음속은 $c = 338.4\ \text{m/s}$

$V = 0.8 \times 338.4 = 270.72\ \text{m/s}$

1000m 상공의 $c = 336.5\ \text{m/s}$

$V = 0.8 \times 336.5 = 269.2\ \text{m/s}$

12-12

$$T_o = T + \frac{V^2}{2C_p} = T + \frac{1}{2}V^2\frac{k-1}{kR}$$

$$= (40+273) + \frac{1}{2}(160^2)\frac{(1.4-1)}{(1.4)(287)} = 325.7\ \text{K} = 52.7\,℃$$

단열변화 이므로

$$\frac{T_2}{T_1} = \left(\frac{P_2}{P_1}\right)^{\frac{k-1}{k}}$$

$$P_2 = P_1\left(\frac{T_2}{T_1}\right)^{\frac{k}{k-1}} = (340)\left(\frac{325.7}{313}\right)^{\frac{1.4-1}{1.4}} = 343.9\ \text{kPa}$$

$$\text{M} = \frac{V}{\sqrt{kRT}} = \frac{160}{\sqrt{1.4\times 287\times 313}} = 0.45$$

12-13

탱크 내부의 상태는 정체상태이므로

$\dfrac{T_o}{T} = 1 + \dfrac{k-1}{2}\text{M}^2$ $\qquad \dfrac{(90+273)}{T} = 1 + \left(\dfrac{1.4-1}{2}\right)(0.5)^2$

$\therefore\ T = 345.7\ \text{K} = 72.7\,℃$

$\dfrac{P_o}{P} = \left(1 + \dfrac{k-1}{2}\text{M}^2\right)^{\frac{k}{k-1}}$ $\qquad \dfrac{500}{P} = \left\{1 + \left(\dfrac{1.4-1}{2}\right)(0.5)^2\right\}^{\frac{1.4}{1.4-1}}$

$\therefore\ P = 421.6\ \text{kPa}$

$$\rho = \frac{P}{RT} = \frac{421600}{287\times 345.7} = 4.25\ \text{kg/m}^3$$

$c = \sqrt{kRT} = \sqrt{1.4 \times 287 \times 345.7} = 372.7\ \text{m/s}$

$\therefore\ V = c\,\text{M} = 372.7 \times 0.5 = 186.3\ \text{m/s}$

12-14

산소 $k = 1.4$ 분자량 $M = 32$

$$R = \frac{Ru}{M} = \frac{8314}{32} = 259.8\ \text{J/kg} \cdot \text{K}$$

$$T_o = T + \frac{V^2}{2C_p} = T + V^2 \frac{k-1}{2kR}$$

$$(273+38) = T + (150)^2 \frac{1.4-1}{2(1.4)(259.8)}$$

$\therefore\ T = 298.6\ \text{K} = 25.6\ ℃$

$$\text{M} = \frac{V}{\sqrt{kRT}} = \frac{150}{\sqrt{1.4 \times 259.8 \times 298.6}} = 0.46$$

$$\rho_o = \frac{P_o}{RT_o} = \frac{750 \times 10^3}{259.8 \times (273+38)} = 9.28\ \text{kg/m}^3$$

$$\frac{\rho_o}{\rho} = \left(1 + \frac{k-1}{2}\text{M}^2\right)^{\frac{1}{k-1}} \qquad \frac{9.28}{\rho} = \left(1 + \frac{1.4-1}{2}0.46^2\right)^{\frac{1}{1.4-1}}$$

$\rho = 8.37\ \text{kg/m}^3$

$$\dot{m} = \rho A V = (8.37)\left(\frac{\pi}{4}0.15^2\right)(150) = 22.18\ \text{kg/s}$$

$$P = \rho R T = (8.37)(259.8)(298.6) = 649.31\ \text{kPa}$$

12-15

$k = 1.4,\quad C_p = 1.003\ \text{kJ/kg} \cdot \text{K},\quad R = 287\ \text{J/kg} \cdot \text{K},\quad \text{M}_1 = \dfrac{220}{\sqrt{1.4 \times 287 \times 278}} = 0.66$

(1) $T_{o1} = T_1 + \dfrac{V_1^2}{2C_p} = 278 + \dfrac{220^2}{2 \times 1003} = 302.1\ \text{K} = 29.1\ ℃$

(2) 1 에서의 정체압은

$$P_{o1} = P_1\left(1 + \frac{k-1}{2}\text{M}_1^2\right)^{\frac{k}{k-1}} = 160\left(1 + \frac{1.4-1}{2}(0.66)^2\right)^{\frac{1.4}{1.4-1}} = 214.33\ \text{kPa}$$

(3) 정체 밀도를 구하기 위해서 먼저 밀도를 구하자.

$$\rho_1 = \frac{P_1}{RT_1} = \frac{160 \times 10^3}{287 \times 278} = 2.01\ \text{kg/m}^3$$

$$\rho_o = \rho_1\left(1 + \frac{k-1}{2}\text{M}_1^2\right)^{\frac{1}{k-1}} = (2.01)\left(1 + \frac{1.4-1}{2}0.66^2\right)^{\frac{1}{1.4-1}} = 2.48\ \text{kg/m}^3$$

또는

$$\rho_o = \frac{P_{o1}}{RT_{o1}} = \frac{214.33 \times 10^3}{287 \times 302.1} = 2.47\ \text{kg/m}^3$$

(4) $\dfrac{T_{o1}}{T_1} = 1 + \dfrac{k-1}{2}\text{M}_1^2 \qquad \dfrac{302.1}{278} = 1 + \dfrac{1.4-1}{2}\text{M}_1^2$

$\text{M}_1 = 0.66$

(5) 최대속도는 정체온도가 운동에너지로 변화할 때의 속도이므로

$C_p T_{o1} = \dfrac{V_{max}^2}{2} \qquad V_{max} = (2\,C_p T_{o1})^{1/2} = (2 \times 1003 \times 302.1)^{1/2} = 778.5 \text{ m/s}$

등엔트로피 유동이므로 정체온도는 동일하다.

$T_{o1} = T_{o2} = 302.1\,\text{K}$

$T_2 = T_{o2} - \dfrac{V_2^2}{2\,C_p} = 302.1 - \dfrac{280^2}{2 \times 1003} = 263.0\,\text{K} = -10\,℃$

$c_2 = \sqrt{kRT_2} = \sqrt{1.4 \times 287 \times 263} = 325.1 \text{ m/s}$

$\mathrm{M}_2 = \dfrac{V_2}{c_2} = \dfrac{280}{325.1} = 0.86$

(6) $P_{o2} = P_2\left(1 + \dfrac{k-1}{2}\mathrm{M}_2^2\right)^{\frac{k}{k-1}} = 130\left(1 + \dfrac{1.4-1}{2}(0.86)^2\right)^{\frac{1.4}{1.4-1}} = 210.69 \text{ kPa}$

12-16

이상기체의 상태식을 이용하여

$\rho = \dfrac{P}{RT} = \dfrac{90 \times 10^3}{287 \times (273-18)} = 1.23 \text{ kg/m}^3$

$c = \sqrt{kRT} = \sqrt{1.4 \times 287 \times 255} = 320.1 \text{ m/s}$

$\mathrm{M} = \dfrac{V}{c} = \dfrac{180}{320.1} = 0.56$

$P_o = P\left(1 + \dfrac{k-1}{2}\mathrm{M}^2\right)^{\frac{k}{k-1}} = 90\left(1 + \dfrac{1.4-1}{2}0.56^2\right)^{\frac{1.4}{1.4-1}} = 111.35 \text{ kPa}$

$C_p T + \dfrac{V^2}{2} = C_p T_o$

$T_o = T + \dfrac{V^2}{2\,C_p} = 255 + \dfrac{180^2}{2 \times 1003} = 271.2 \text{ K} = -1.8\,℃$

$\rho_o = \dfrac{P_o}{RT_o} = \dfrac{111.35 \times 10^3}{287 \times 271.2} = 1.43 \text{ kg/m}^3$

12-17

$\rho_o = \dfrac{P_o}{RT_o} = \dfrac{800}{0.287 \times 313} = 8.91 \text{ kg/m}^3$

(1) 임계압력비가 공기의 경우 0.528 이므로

$\dfrac{P_r}{P_o} = 0.375 < 0.528$ 이 되므로 팽창하여 수축부에서 임계상태(M=1) 이 된다(목이된다)

$P_e = 0.528 \times 800 = 422.4 \text{ kPa}$

$k = 1.4 \qquad R = 287 \text{ J/kg}\cdot\text{K} \qquad A^* = \dfrac{\pi}{4}0.03^2 = 0.00071 \text{ m}^2$ 이므로 (12.6.3)식에서

$$\dot{m} = P_o A^* \sqrt{\frac{k}{RT_o}}\left(\frac{k+1}{2}\right)^{\frac{k+1}{2(1-k)}}$$

$$= (800 \times 10^3)(0.00071)\sqrt{\frac{1.4}{(287)(313)}}\left(\frac{1.4+1}{2}\right)^{\frac{1.4+1}{2(1-1.4)}} = 1.30 \text{ kg/s}$$

임계상태이므로

$T_e = T_o \times 0.833 = 313 \times 0.833 = 260.7\,\text{K}$

$V_e = c = \sqrt{kRT_e} = \sqrt{1.4 \times 287 \times 260.7} = 323.7 \text{ m/s}$

$\text{M}_e = 1.0$

(2) $\dfrac{P_r}{P_o} = \dfrac{650}{800} = 0.813 > 0.528$

이므로 임계상태까지 팽창하지 못한다.

$P_e = P_r = 650 \text{ kPa}$

(12.5.10) 식에서

$$\frac{P_o}{P_e} = \left(1 + \frac{k-1}{2}\text{M}_e^2\right)^{\frac{k}{k-1}} \qquad \frac{800}{650} = \left(1 + \frac{1.4-1}{2}\text{M}_e^2\right)^{\frac{1.4}{1.4-1}}$$

$\text{M}_e = 0.55$

$$\frac{T_o}{T_e} = 1 + \frac{k-1}{2}\text{M}_e^2 \qquad \frac{313}{T_e} = 1 + \frac{1.4-1}{2}(0.55)^2$$

$T_e = 295.1 \text{ K}$

$V_e = c\,\text{M}_e = 0.55\sqrt{1.4 \times 287 \times 295.1} = 189.4 \text{ m/s}$

$\rho_e = \dfrac{P_e}{RT_e} = \dfrac{650}{0.287 \times 295.1} = 7.67 \text{ kg/m}^3$

$\dot{m} = \rho_e A_e V_e = 7.67 \times 0.00071 \times 189.4 = 1.03 \text{ kg/s}$

※ 임계상태에서는 유량이 1.30 kg/s 이지만 임계상태에 도달하지 못하면 1.03 kg/s로 된다. 마하수도 0.55이 된다.

12-18

(12.5.7)식에서

(1) $\dfrac{dA}{A} = \dfrac{dV}{V}(\text{M}^2 - 1) = \dfrac{dV}{V}(4-1) = 3\dfrac{dV}{V} = 3(-0.25) = -0.75$

면적이 75% 감소한다.

(2) M=2.0에서 M=2.5로 증가하였으므로

$\dfrac{dV}{V} = \dfrac{0.5c}{2c} = 0.25$

$\dfrac{dA}{A} = 0.25(4-1) = 0.75$

단면적이 75% 넓어진다.

12-19

$k = 1.4$ 일 때 $R = \dfrac{8314}{28} = 296.9 \text{ J/kg} \cdot \text{K}$

(1) $\dfrac{P^*}{P_o} = 0.528$ 이므로

$\dfrac{P_r}{P_o} = \dfrac{103}{220} = 0.468 < 0.528$ 이 되므로 팽창하여 출구에서 임계상태(M=1)이 된다

$P_e = 0.528 \times 220 = 116.2 \text{ kPa}$

임계상태이므로

$T_e = T_o \times 0.833 = (95+273)\times 0.833 = 306.5\ \mathrm{K}$

$V_e = c = \sqrt{kRT_e} = \sqrt{1.4\times 296.9\times 306.5} = 356.9\ \mathrm{m/s}$

$\rho_e = \dfrac{P_e}{RT_e} = \dfrac{116.2\times 10^3}{296.9\times 306.5} = 1.28\ \mathrm{kg/m^3}$

$\dot{m} = \rho_e A_e V_e = 1.28\times\left(\dfrac{\pi}{4}\times 0.05^2\right)\times 356.9 = 0.90\ \mathrm{kg/s}$

(2) $\dfrac{P_r}{P_o} = \dfrac{103}{170} = 0.606 > 0.528$

임계상태까지 팽창하지 못한다.

$P_e = P_r = 103\ \mathrm{kPa}$

$\dfrac{T_o}{T_e} = 1 + \dfrac{k-1}{2}\mathrm{M_e^2} = \left(\dfrac{P_o}{P_e}\right)^{\frac{k-1}{k}}$

$\dfrac{363}{T_e} = \left(\dfrac{170}{103}\right)^{\frac{1.4-1}{1.4}}$

$T_e = 314.6\ \mathrm{K}$

$c = \sqrt{kRT_e} = \sqrt{1.4\times 296.9\times 314.6} = 361.6\ \mathrm{m/s}$

$\dfrac{T_o}{T_e} = \dfrac{363}{314.6} = 1 + \dfrac{1.4-1}{2}\mathrm{M_e^2}$

$\mathrm{M}_e = 0.88$

$V_e = c\,\mathrm{M}_e = 0.88\times 361.6 = 318.2\ \mathrm{m/s}$

$\rho_e = \dfrac{P_e}{RT_e} = \dfrac{103\times 10^3}{296.9\times 314.6} = 1.10\ \mathrm{kg/m^3}$

$\dot{m} = \rho_e A_e V_e = 1.10\times\left(\dfrac{\pi}{4}\times 0.05^2\right)\times 318.2 = 0.69\ \mathrm{kg/s}$

(3) $\dfrac{P_r}{P_o} = 0.528 = \dfrac{103}{P_o}$

$P_o = 195.1\ \mathrm{kPa}$ (최저압력)

■ 12-20

노즐 끝에서의 압력비가 임계비와 같아야 하므로

$\dfrac{P_e}{P_o} = \dfrac{P_e}{101} = 0.528$

$P_e = 101\times 0.528 = 53.3\ \mathrm{kPa}$

■ 12-21

$T_o = T_e + \dfrac{V_e^2}{2C_p}$ $\quad 303 = T_e + \dfrac{260^2}{2\times 1003}$ $\quad T_e = 269.3\ \mathrm{K}$

$c = \sqrt{kRT} = \sqrt{1.4\times 287\times 269.3} = 328.9\ \mathrm{m/s}$

$$\mathrm{M}_e = \frac{V_e}{c} = \frac{260}{328.9} = 0.79$$

$$\frac{P_o}{P_e} = \left(1 + \frac{k-1}{2}\mathrm{M}_e^2\right)^{\frac{k}{k-1}} = \left(1 + \frac{1.4-1}{2}(0.79)^2\right)^{\frac{1.4}{1.4-1}} = 1.51$$

$\rho_{air} = 1.2\ \mathrm{kg/m^3}$ 이므로

$P_o + (1.2 \times 9.8 \times 0.32) = P_e + (13.6 \times 9800 \times 0.32)$

$P_o - P_e = 42645.8\ \mathrm{Pa}$

$$\frac{P_e + 42645.8}{P_e} = 1.51$$

$P_e = 83619.2\ \mathrm{Pa} = 83.6\ \mathrm{kPa}$

$P_o = 126265.0\ \mathrm{Pa} = 126.3\ \mathrm{kPa}$

12-22

(1) $\dfrac{T_2}{T_1} = \left(\dfrac{P_2}{P_1}\right)^{\frac{k-1}{k}}$ $\qquad \dfrac{T_2}{(110+273)} = \left(\dfrac{80}{125}\right)^{\frac{1.4-1}{1.4}}$

$T_2 = 337.1\ \mathrm{K}$

(2) $c_2 = \sqrt{kRT_2} = \sqrt{1.4 \times 287 \times 337.1} = 368.0\ \mathrm{m/s}$

$$\mathrm{M}_2 = \frac{V_2}{c_2} = \frac{330}{368.0} = 0.90$$

(3) $T_{o1} = T_{o2} = T_2\left(1 + \dfrac{k-1}{2}\mathrm{M}_2^2\right) = (337.1)\left\{1 + \dfrac{1.4-1}{2}(0.90)^2\right\} = 391.7\ \mathrm{K}$

(4) $P_{o1} = P_{o2} = P_2\left(1 + \dfrac{k-1}{2}\mathrm{M}_2^2\right)^{\frac{k}{k-1}} = (80)\left\{1 + \dfrac{1.4-1}{2}(0.90)^2\right\}^{\frac{1.4}{1.4-1}}$

$= 135.3\ \mathrm{kPa}$

(5) $T_{o1} = T_1 + \dfrac{V_1^2}{2C_p}$ $\qquad 391.7 = 383 + \dfrac{V_1^2}{2 \times 1003}$

$V_1 = 132.1\ \mathrm{m/s}$

12-23

$$T_2 = T_1\left(\frac{P_2}{P_1}\right)^{\frac{k-1}{k}} = (273+40)\left(\frac{200}{700}\right)^{\frac{1.4-1}{1.4}} = 218.8\ \mathrm{K}$$

$$C_p T_1 = C_p T_2 + \frac{V_2^2}{2}$$

$$V_2 = \sqrt{\frac{2k}{k-1}RT_1\left(1 - \frac{T_2}{T_1}\right)} = \sqrt{\frac{2 \times 1.4}{1.4-1}(287 \times 313)\left(1 - \frac{218.8}{313}\right)} = 435.0\ \mathrm{m/s}$$

$c_2 = \sqrt{kRT_2} = \sqrt{1.4 \times 287 \times 218.8} = 296.5\ \mathrm{m/s}$

$$\mathrm{M}_2 = \frac{V_2}{c_2} = \frac{435.0}{296.5} = 1.47$$

12-24

$$\rho_o = \frac{P_o}{RT_o} = \frac{280\times10^3}{287\times(273+65)} = 2.89\ \text{kg/m}^3$$

음속에서의 유량은

$$\dot{m} = P_o A^* \sqrt{\frac{k}{RT_o}}\left(\frac{k+1}{2}\right)^{\frac{k+1}{2(1-k)}}$$

$$= (280\times10^3)\left(\frac{\pi}{4}0.08^2\right)\sqrt{\frac{1.4}{(287)(338)}}\left(\frac{1.4+1}{2}\right)^{\frac{1.4+1}{2(1-1.4)}} = 3.09\ \text{kg/s}$$

(1) 임계조건

$P_e = 0.528\times P_o = 147.8$ kPa

따라서 $P_r = 120$ kPa, 140 kPa 에서는

$\dot{m} = 3.09$ kg/s

목에서의 압력 $P = P_r$ 이라면 압축성 유동표(D-1)에서

(2) $\dfrac{P}{P_o} = \dfrac{180}{280} = 0.643$ $\qquad$ M $= 0.82$

$\dfrac{T}{T_o} = 0.851$ $\qquad$ $T = 0.851\times338 = 287.6$ K

$c = \sqrt{kRT} = \sqrt{1.4\times287\times287.6} = 339.9$ m/s

$V = c\,\text{M} = 0.82\times339.9 = 278.7$ m/s

$\dfrac{\rho}{\rho_o} = 0.729$ $\qquad$ $\rho = 0.729\times2.89 = 2.11\ \text{kg/m}^3$ (표를 이용하는 경우)

또는

$$\rho = \frac{P}{RT} = \frac{180\times10^3}{287\times287.6} = 2.18\ \text{kg/m}^3$$

$$\dot{m} = \rho A V = 2.11\times\left(\frac{\pi}{4}\times0.08^2\right)\times278.7 = 2.95\ \text{kg/s}$$

(3) $\dfrac{P}{P_o} = \dfrac{200}{280} = 0.714$

$\dfrac{T}{T_o} = 0.908$ $\qquad$ $T = 0.908\times338 = 306.9$ K

$c = \sqrt{kRT} = \sqrt{1.4\times287\times306.9} = 351.2$ m/s

M $= 0.71$

$V = 0.71\times351.2 = 249.4$ m/s

$\dfrac{\rho}{\rho_o} = 0.786$ $\qquad$ $\rho = 0.786\times2.89 = 2.27\ \text{kg/m}^3$

$$\dot{m} = \rho A V = 2.27\times\left(\frac{\pi}{4}\times0.08^2\right)\times249.4 = 2.84\ \text{kg/s}$$

P_r (kPa)	$\dot{m}$ (kg/s)	$\dot{m}$ (kg/s)
120	3.09	
140	3.09	
147.8	3.09	
180		2.95
200		2.84

12-25

$$\frac{P_r}{P_o} = \frac{100}{800} = 0.125 < 0.528$$

이므로 목에서의 속도가 음속으로 추정된다.

$$C_p T_o = C_p T_e + \frac{V_e^2}{2}$$

$$\frac{V_e^2}{2} = C_p(T_o - T_e) = \frac{kR}{k-1} T_o\left(1 - \frac{T_e}{T_o}\right)$$

$$= \frac{kR}{k-1} T_o\left\{1 - \left(\frac{P_e}{P_o}\right)^{\frac{k-1}{k}}\right\} = \frac{(1.4)(287)}{1.4-1}(318)\left\{1 - \left(\frac{100}{800}\right)^{\frac{1.4-1}{1.4}}\right\}$$

$$V_e = 534.9 \text{ m/s}$$

$$T_e = T_o\left(\frac{P_e}{P_o}\right)^{\frac{k-1}{k}} = (318)\left(\frac{100}{800}\right)^{\frac{1.4-1}{1.4}} = 175.6 \text{ K}$$

$$\rho_e = \frac{P_e}{RT_e} = \frac{100 \times 10^3}{287 \times 175.6} = 1.98 \text{ kg/m}^3$$

목에서 M=1 이므로 유량은

$$\dot{m} = P_o A^* \sqrt{\frac{k}{RT_o}}\left(\frac{k+1}{2}\right)^{\frac{k+1}{2(1-k)}} = 0.569 \text{ kg/s}$$

$$A_e = \frac{\dot{m}}{\rho_e V_e} = \frac{0.569}{1.98 \times 534.9} = 5.38 \times 10^{-4} \text{ m}^2 \qquad d_e = 0.03 \text{ m}$$

(1) 출구지름 3cm

(2) $V_e = 534.9$ m/s

$$c_e = \sqrt{1.4 \times 287 \times 175.6} = 265.6 \text{ m/s}$$

$$\mathrm{M}_e = \frac{V_e}{c_e} = \frac{534.9}{265.6} = 2.01$$

12-26

(1) 목에서 M=1 로 임계상태이므로

$$\frac{P^*}{P_o} = 0.528 \qquad P^* = 2000 \times 0.528 = 1056 \text{ kPa}$$

$$\frac{T^*}{T_o} = 0.833 \qquad T^* = (273 + 150) \times 0.833 = 352.4 \text{ K}$$

$$\rho_o = \frac{P_o}{RT_o} = \frac{2000 \times 10^3}{287 \times (273+150)} = 16.47 \text{ kg/m}^3$$

$$\frac{\rho^*}{\rho} = 0.632 \qquad \rho^* = 16.47 \times 0.632 = 10.41 \text{ kg/m}^3$$

(2) $\dfrac{T_o}{T} = 1 + \dfrac{k-1}{2}\text{M}^2 \qquad \dfrac{(273+150)}{T} = 1 + \dfrac{1.4-1}{2}(2.5)^2$

$T = 188$ K

$$\frac{P_o}{P} = \left(1 + \frac{k-1}{2}\text{M}^2\right)^{\frac{k}{k-1}} \qquad \frac{2000}{P} = \left(1 + \frac{1.4-1}{2}(2.5)^2\right)^{\frac{1.4}{1.4-1}}$$

$P = 117.05$ kPa

$$\frac{\rho_o}{\rho} = \left(1 + \frac{k-1}{2}\text{M}^2\right)^{\frac{1}{k-1}} \qquad \frac{16.47}{\rho} = \left(1 + \frac{1.4-1}{2}(2.5)^2\right)^{\frac{1}{1.4-1}}$$

$\rho = 2.17 \text{ kg/m}^3$

$$\text{M} = \frac{V}{c} \qquad 2.5 = \frac{V}{\sqrt{1.4 \times 287 \times 188}}$$

$V = 687.1$ m/s

$$\frac{A}{A^*} = \frac{1}{\text{M}}\left(\frac{1+0.2\,\text{M}^2}{1.2}\right)^3 = \frac{1}{2.5}\left(\frac{1+0.2 \times 2.5^2}{1.2}\right)^3 = 2.64$$

$$\frac{A}{A^*} = \left(\frac{d}{d^*}\right)^2 = \frac{d^2}{25} = 2.64$$

$d = 8.12$ cm

※ 다른 방법으로 부록 등엔트로피 유동 D-1에서 M=2.5 이면

$$\frac{A}{A^*} = 2.64 \qquad \frac{P}{P_o} = 0.059 \qquad \frac{\rho}{\rho_o} = 0.131 \qquad \frac{T}{T_o} = 0.444$$

를 이용하여도 문제를 풀 수 있다.

12-27

(1) $\rho^* = \dfrac{P^*}{RT^*} = \dfrac{70 \times 10^3}{297 \times (273-10)} = 0.90 \text{ kg/m}^3$

$$V^* = \sqrt{kRT^*} = \sqrt{1.4 \times 297 \times 263} = 330.7 \text{ m/s}$$

$$\dot{m} = \rho^* A^* V^* = 0.90 \times \left(\frac{\pi}{4} \times 0.03^2\right) \times 330.7 = 0.21 \text{ kg/s}$$

(2) $\dfrac{A}{A^*} = \dfrac{1}{\text{M}}\left(\dfrac{1+0.2\,\text{M}^2}{1.2}\right)^3 \qquad \left(\dfrac{45}{30}\right)^2 = \dfrac{1}{\text{M}}\left(\dfrac{1+0.2\,\text{M}^2}{1.2}\right)^3$

M = 0.26, 2.33 두 경우이다.

12-28

$$\frac{A_e}{A^*} = \frac{1}{\text{M}}\left(\frac{1+0.2\,\text{M}^2}{1.2}\right)^3 \qquad A_e = \frac{\pi}{4}0.3^2 = 0.07065 \text{ m}^2$$

$$\frac{0.07065}{A^*} = \frac{1}{2.5}\left(\frac{1+0.2\,(2.5)^2}{1.2}\right)^3 \qquad A^* = 0.0268 \text{ m}^2$$

$$T_o = T\left(1 + \frac{k-1}{2}\text{M}^2\right) = (273+15)\left\{1 + \frac{1.4-1}{2}(2.5)^2\right\} = 648.0 \text{ K}$$

$$P_o = P\left(1 + \frac{k-1}{2} M^2\right)^{\frac{k}{k-1}} = (100)\left(1 + \frac{1.4-1}{2}(2.5)^2\right)^{\frac{1.4}{1.4-1}} = 1708.59 \text{ kPa}$$

※ 부록을 이용하여(등엔트로피 유동표) 풀수도 있음

12-29

$c_e = \sqrt{1.4 \times 300 \times 293} = 350.8$ m/s

$V_e = c_e M_e = 3 \times 350.80 = 1052.4$ m/s

운동량 보존법칙에서

$$F_{th} = \dot{m} V_e = \rho_e A_e V_e \qquad 80 \times 10^3 = \frac{P_e}{RT_e} A_e (1052.4)^2$$

$$\rho_e = \frac{P_e}{RT_e} = \frac{101.3 \times 10^3}{300 \times 293} = 1.15 \text{ kg/m}^3$$

(1) 노즐 출구 단면적

$$A_e = \frac{80 \times 10^3}{1.15 \times (1052.4)^2} = 0.0628 \text{ m}^2$$

$D_e = 28.3$ cm

(2) 목의 단면적

$$\frac{A_e}{A^*} = \frac{1}{M_e}\left(\frac{1 + 0.2 M_e^2}{1.2}\right)^3 \qquad \frac{0.0628}{A^*} = \frac{1}{3}\left(\frac{1 + 0.2(3)^2}{1.2}\right)^3$$

$A^* = 0.0148$ m^2

$D^* = 13.7$ cm

(3) 연소실의 온도와 압력

$$T_o = T_e\left(1 + \frac{k-1}{2} M_e^2\right) = (293)\left\{1 + \frac{1.4-1}{2}(3)^2\right\} = 820.4 \text{ K}$$

$$P_o = P_e\left(1 + \frac{k-1}{2} M_e^2\right)^{\frac{k}{k-1}} = (101.3)\left(1 + \frac{1.4-1}{2}(3)^2\right)^{\frac{1.4}{1.4-1}} = 3721.02 \text{ kPa}$$

12-30

압축성유동 Table D-1에서

$\frac{A_e}{A^*} = 2.5$ 일 때 $M_e = 2.45$ $\quad \frac{T_e}{T_o} = 0.454 \quad \frac{P_e}{P_o} = 0.063 \quad \frac{\rho_e}{\rho_o} = 0.140$

$T_e = (273 + 2900) \times 0.454 = 1440.5$ K

$P_e = 5500 \times 0.063 = 346.5$ kPa

$$\rho_e = \frac{P_e}{RT_e} = \frac{346.5 \times 10^3}{350 \times 1440.5} = 0.687 \text{ kg/m}^3$$

$V_e = \sqrt{1.4 \times 350 \times 1440.5} \times 2.45 = 2058.4$ m/s

$\rho^* A^* V^* = \rho_e A_e V_e = 50$

$$A_e = \frac{50}{\rho_e V_e} = \frac{50}{0.687 \times 2058.36} = 0.0354 \text{ m}^2$$

$\frac{A_e}{A^*} = 2.5$ 이므로

$$\therefore\ A^* = \frac{0.0354}{2.5} = 0.0142\ \text{m}^2$$

12-31

충격파 발생전을 1, 발생 후를 2라 하면

$$\frac{P_2}{P_1} = \frac{2k\text{M}_1^2 - (k-1)}{k+1}$$

$$\text{M}_1 = \frac{430}{\sqrt{1.4\times 287\times 278}} = 1.29$$

$$P_2 = P_1\left(\frac{2k\text{M}_1^2 - (k-1)}{k+1}\right) = 70\left(\frac{2(1.4)(1.29)^2 - (1.4-1)}{1.4+1}\right) = 124.23\ \text{kPa abs}$$

$$\frac{V_2}{V_1} = \frac{(k-1)\text{M}_1^2+2}{(k+1)\text{M}_1^2} = \frac{(1.4-1)(1.29)^2+2}{(1.4+1)(1.29)^2}$$

$$V_2 = 287.0\ \text{m/s}$$

$$\rho_1 = \frac{P_1}{RT_1} = \frac{70\times 10^3}{287\times 278} = 0.88\ \text{kg/m}^3$$

$\rho_1 V_1 = \rho_2 V_2$ (A 일정)

$$\rho_2 = \rho_1\frac{V_1}{V_2} = 0.88\frac{430}{287.0} = 1.32\ \text{kg/m}^3$$

$\rho_2 = \dfrac{P_2}{RT_2}$ 에서

$$T_2 = \frac{P_2}{R\rho_2} = \frac{124.23\times 10^3}{287\times 1.32} = 327.9\ \text{K}$$

※ 부록의 표를 이용해서도 문제를 풀 수 있음

12-32

다음식을 이용해서 면적을 구한다.

$$\frac{A}{A^*} = \frac{1}{\text{M}}\left(\frac{1+0.2\,\text{M}^2}{1.2}\right)^3$$

목에서는 M=1.0 이므로 탱크의 압력 P_{o1}을 이용하면 목의 압력은

$$\frac{P_{o1}}{P^*} = \left(1+\frac{k-1}{2}\text{M}^{*2}\right)^{\frac{k}{k-1}} = \left\{1+\frac{1.4-1}{2}(1)^2\right\}^{3.5}$$

$$P^* = \frac{500}{\left\{1+\frac{1.4-1}{2}(1)^2\right\}^{3.5}} = 264.14\ \text{kPa}$$

$P_{o2} = P^* = 264.14$ kPa (충격파 후의 정체압)

$$\frac{P_{o2}}{P_{o1}} = \frac{264.14}{500} = 0.528$$

압축성유동 수직충격파 표에서 $\dfrac{P_{o2}}{P_{o1}} = 0.528$을 찾으면 $\text{M}_1 = 2.43$ 이므로 단면적은

$$A = \frac{A^*}{\text{M}}\left(\frac{1+0.2\,\text{M}^2}{1.2}\right)^3 = \frac{15}{2.43}\left(\frac{1+0.2\,(2.43)^2}{1.2}\right)^3 = 37.1\ \text{cm}^2$$

제 13 장

13-1

이론 수두는

(1) $H = \dfrac{u_2 V_2 \cos\alpha_2}{g} = \dfrac{56.52 \times 5 \times \cos 45}{9.8} = 20.39 \text{ m}$

$u_2 = \dfrac{2\pi n}{60} r_2 = \dfrac{2\pi(1800)}{60}(0.3) = 56.52 \text{ m/s}$

$\eta_p = \dfrac{H_p}{H} = \dfrac{15}{20.39} = 0.74$

(2) $H = \dfrac{u_2 V_2 \cos\alpha_2}{g} = \dfrac{56.52 \times 5 \times \cos 30}{9.8} = 24.97 \text{ m}$

$\eta_p = \dfrac{H_p}{H} = \dfrac{15}{24.97} = 0.60$

α_2 가 작아지면 유효양정 H는 증가한다.

13-2

$u_1 = \dfrac{2\pi n}{60} r_1 = \dfrac{2\pi(1800)}{60}(0.1) = 18.84 \text{ m/s}$

$u_2 = \dfrac{2\pi n}{60} r_2 = 3u_1 = 56.52 \text{ m/s}$

(1) $V_1 = u_1 \tan\beta_1 = 18.84 \tan 20 = 6.86 \text{ m/s}$

$Q = V_1(2\pi r_1)b_1 = 6.86 \times (2\pi \times 0.1)0.05 = 0.215 \text{ m}^3/\text{s}$

$Q = V_{n2}(2\pi r_2)b_2 = V_{n2} \times (2\pi \times 0.3)0.05$

$V_{n2} = 2.28 \text{ m/s}$

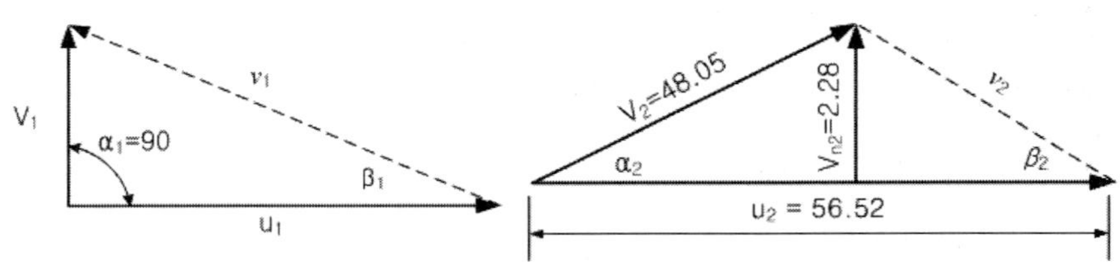

(2) $H = \dfrac{u_2^2}{g} - \dfrac{u_2 Q \cos\beta_2}{2\pi r_2 b_2 g} = \dfrac{56.52^2}{9.8} - \dfrac{56.52 \times 0.215 \times \cot 15}{2\pi \times 0.3 \times 0.05 \times 9.8} = 276.84 \text{ m}$

(3) $L = \gamma Q H = 9800 \times 0.215 \times 276.84 = 583.30 \text{ kW}$

(4) 임펠러 전후에 Bernoulli Eq.을 적용하면

$\dfrac{P_1}{\gamma} + \dfrac{V_1^2}{2g} + H = \dfrac{P_2}{\gamma} + \dfrac{V_2^2}{2g}$

Vector 선도에서 V_2를 구하면

$\alpha_2 = 2.72^\circ$

$V_2 \sin 2.72 = 2.28 \qquad V_2 = 48.05 \text{ m/s}$

$$P_2 - P_1 = \frac{\rho}{2}\left(V_1^2 - V_2^2\right) + \gamma H = \frac{1000}{2}\left(6.86^2 - 48.05^2\right) + (9800 \times 276.84)$$
$$= 1582.2\ \mathrm{kPa}$$

13-3

$$u_2 = \frac{2\pi n}{60} r_2 = \frac{2\pi(1800)}{60}(0.1) = 18.84\ \mathrm{m/s}$$

$$H = \frac{u_2^2}{g} - \frac{u_2 Q \cos\beta_2}{2\pi r_2 b_2 g} = \frac{(18.84)^2}{9.8} - \frac{18.84 \times Q_2 \times \cot 30}{2\pi \times 0.1 \times 0.025 \times 9.8}$$

$$= 36.22 - 212.08Q$$

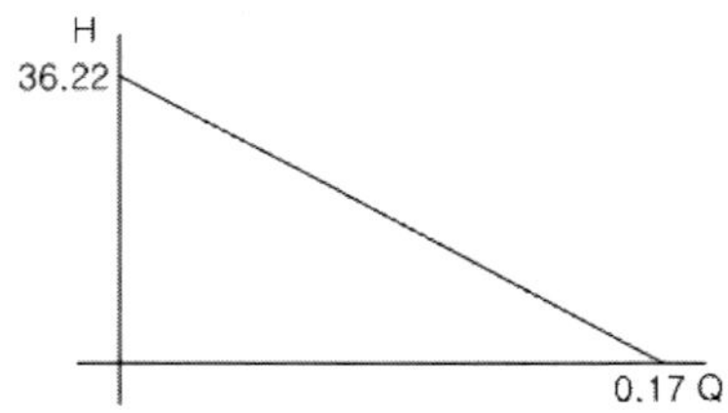

13-4

펌프의 흡입구 측과 출구측에 Bernoulli Eq.을 적용하자.

$$\frac{P_1}{\gamma} + \frac{V_1^2}{2g} + z_1 + H_p = \frac{P_2}{\gamma} + \frac{V_2^2}{2g} + z_2$$

$$H_p = \frac{P_2 - P_1}{\gamma} + \frac{V_2^2 - V_1^2}{2g} + z_2 - z_1$$

$$V_1 = \frac{Q}{A_1} = \frac{4 \times \frac{3}{60}}{\pi \times 0.08^2} = 9.95\ \mathrm{m/s} \qquad V_2 = \frac{4 \times \frac{3}{60}}{\pi \times 0.06^2} = 17.69\ \mathrm{m/s}$$

$$P_1 + (9800 \times 0.76 \times 13.6) = P_2 + (9800 \times 0.76)$$

$$\frac{P_2 - P_1}{\gamma} = (0.76 \times 13.6) - 0.76 = 9.58\ \mathrm{m}$$

$$H_p = 9.58 + \frac{17.69^2 - 9.95^2}{2g} + 0.3 = 20.79\ \mathrm{m}$$

13-5

부록에서 $\rho_{air} = 1.2\ \mathrm{kg/m^3}$

$$Q = V_1(2\pi r_1) b_1 = V_{n2}(2\pi r_2) b_2 \qquad r_2 = 1.2 r_1 \qquad b_1 = b_2 \text{ 이므로}$$

$$V_{n2} = \frac{V_{n1}}{1.2} = \frac{V_1}{1.2} \quad (\alpha_1 = 90^\circ \text{ 이므로})$$

$$u_2 = \frac{r_2}{r_1} u_1 = 1.2 u_1$$

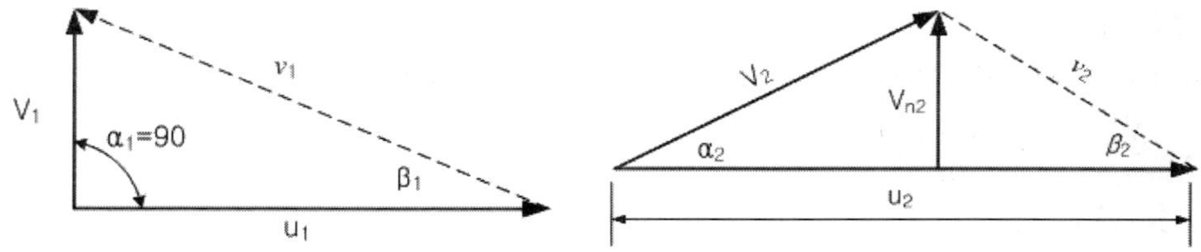

$$h_{air} = H_{H_2O}\left(\frac{\gamma_{H_2O}}{\gamma_{air}}\right) = 0.1\left(\frac{1000}{1.2}\right) = 83.3 \text{ m Air}$$

$$h_{air} = \frac{u_2 V_2 \cos\alpha_2}{g}$$

$$V_2\cos\beta_2 = \frac{h_{air}\, g}{u_2} = \frac{83.3\times 9.8}{1.2\,u_1} = \frac{680.3}{u_1}$$

$u_1 = V_1\cot\beta$ --> $V_{n2} = \dfrac{V_1}{1.2}$ 이므로 $V_{n2}\cot\beta = \dfrac{u_1}{1.2}$

$u_2 = V_2\cos\alpha_2 + V_{n2}\cot\beta_2$ 에 각각을 대입하면

$1.2\,u_1 = \dfrac{680.3}{u_1} + \dfrac{u_1}{1.2}$ $\quad u_1 = 43.07 = r_1\omega = r_1\times\dfrac{2\pi\times 1800}{60}$

$\therefore\ r_1 = 0.23$ m $\quad r_2 = 0.27$ m

13-6

$$V_1 = \frac{Q}{A_1} = \frac{4\times\frac{6.8}{60}}{\pi\times 0.25^2} = 2.31 \text{ m/s}$$

$$V_2 = \left(\frac{d_1}{d_2}\right)^2 V_1 = \left(\frac{25}{20}\right)^2 2.31 = 3.61 \text{ m/s}$$

$$P_1 = -0.3\times 9800\times 13.6 = -39984 \text{ Pa}$$

$$\frac{P_1}{\gamma} + \frac{V_1^2}{2g} + z_1 + H_p = \frac{P_2}{\gamma} + \frac{V_2^2}{2g} + z_2$$

$$H_p = \frac{P_2 - P_1}{\gamma} + \frac{V_2^2 - V_1^2}{2g} + z_2 - z_1$$

$$= \frac{220000 + 39984}{9800} + \frac{3.61^2 - 2.31^2}{2\times 9.8} = 26.92 \text{ m}$$

$$L_p = 9800\times 26.92\times\frac{6.8}{60} = 29.90 \text{ kW}$$

$$\eta_p = \frac{29.9}{33}\times 100 = 90.6\ \%$$

13-7

(1) $N_s = \dfrac{N\sqrt{Q}}{H^{3/4}} = \dfrac{1200\sqrt{0.25}}{150^{3/4}} = 14.0$

(2) $N_s = \dfrac{N\sqrt{Q}}{H^{3/4}} = \dfrac{1200\sqrt{0.50}}{10^{3/4}} = 150.9$

13-8

그림 13.3.3에서 원심펌프의 최대 효율은 $N_s = 40$ 부근이므로

$$40 = \frac{N\sqrt{Q}}{H^{3/4}} = \frac{1500\sqrt{Q}}{30^{3/4}}$$

$Q = 0.117\ \mathrm{m^3/s}$

13-9

그림 13.3.3에서 축류펌프의 최대효율은 $N_s = 200$ 부근이므로

$$200 = \frac{N\sqrt{Q}}{H^{3/4}} = \frac{N\sqrt{70}}{300^{3/4}}$$

$N = 1723\ \mathrm{rpm}$

13-10

1 단의 임펠러에서 수송 가능한 수두는

$$40 = \frac{N\sqrt{Q}}{H^{3/4}} = \frac{1800\sqrt{0.02}}{H^{3/4}}$$

$H = 11.79\ \mathrm{m}$

펌프의 단수는 $\dfrac{40}{11.79} = 3.4$ 즉, 4단이 필요하다.

13-11

유량비 $(D_1 = D_2)$ 이므로

$$\frac{Q_1}{Q_2} = \left(\frac{D_1}{D_2}\right)^3\left(\frac{N_1}{N_2}\right) = \left(\frac{N_1}{N_2}\right)$$

$$Q_2 = Q_1\frac{N_2}{N_1} = 0.065\frac{1500}{1800} = 0.054\ \mathrm{m^3/s}$$

수두비

$$\frac{H_1}{H_2} = \left(\frac{D_1}{D_2}\right)^2\left(\frac{N_1}{N_2}\right)^2 = \left(\frac{N_1}{N_2}\right)^2$$

$$H_2 = H_1\left(\frac{N_2}{N_1}\right)^2 = 50\left(\frac{1500}{1800}\right)^2 = 34.72\ \mathrm{m}$$

동력비

$$\frac{L_1}{L_2} = \left(\frac{D_1}{D_2}\right)^5\left(\frac{N_1}{N_2}\right)^3 = \left(\frac{N_1}{N_2}\right)^3$$

$$L_2 = L_1\left(\frac{1500}{1800}\right)^3 = 0.579\,L_1$$

$L_1 = \gamma QH = 9800 \times 0.065 \times 50 = 31.85\ \mathrm{kW}$

13-12

두 펌프의 N_s 가 같아야 하므로

$$N_s = \frac{N\sqrt{Q}}{H^{3/4}} = \frac{230\sqrt{9.8}}{14^{3/4}} = 99.48$$

$$99.48 = \frac{N\sqrt{5.7}}{18^{3/4}}$$

$N_2 = 364.1$ rpm (모형펌프)

$$\frac{Q_1}{Q_2} = \left(\frac{D_1}{D_2}\right)^3\left(\frac{N_1}{N_2}\right) \quad \text{이므로}$$

$$\left(\frac{D_1}{D_2}\right)^3 = \left(\frac{Q_1}{Q_2}\right)\left(\frac{N_2}{N_1}\right) = \left(\frac{9.8}{5.7}\right)\left(\frac{364.1}{230}\right)$$

$D_2 = 128.9$ cm

13-13

임계 σ_c 일 때 최대흡입 양정이 Δz 이므로

$$\sigma = \frac{\left(\frac{P_a}{\gamma}\right)-\left(\frac{P_v}{\gamma}+\Delta z+h_\ell\right)}{H_p}$$

$$\Delta z = \frac{P_a - P_v}{\gamma} - \sigma H_p - h_\ell = \frac{(100-3.6)\times 10^3}{9800} - (0.012\times 25) - 0.32 = 9.22 \text{ m}$$

13-14

$$NPSH = \frac{P_1 - P_2}{\gamma} - \Delta z - h_\ell = \frac{(101-2.3)\times 10^3}{9800} - 2 - 1 = 7.07 \text{ m}$$

$\therefore$ 7.07 > 6.5 이므로 공동현상은 없다.

13-15

펌프의 흡입구와 펌프에 Bernoulli Eq.을 적용하면

$$\frac{P_s}{\gamma} + \frac{V_s^2}{2g} = \frac{P_2}{\gamma} + \frac{V_2^2}{2g}$$

$$\frac{V_2^2}{2g} = \frac{P_s - P_2}{\gamma} + \frac{V_s^2}{2g} = \frac{P_s - P_v}{\gamma} + \frac{V_s^2}{2g} = NPSH$$

$P_s = 100\times 10^3 - (13.6\times 9800\times 0.3) = 60016$ Pa abs

부록에서 물 30℃ 증기압은

$P_v = 4.242$ kPa

$$NPSH = \frac{60016 - 4242}{9800} + \frac{4^2}{2g} = 6.51 \text{ m}$$

$$\sigma = \frac{NPSH}{H} = \frac{6.51}{40} = 0.163$$

13-16

그림 13.4.3에서 $Q = 30\ \ell/\text{s}$ 일 때 $NPSH = 4.6$ m 이다.

(1) $\gamma = 9800\ \text{N/m}^3$

$$NPSH \le \frac{P_a - P_v}{\gamma} - \Delta z - h_\ell \qquad 4.6 \le \frac{(100-1.8)\times 10^3}{9800} - \Delta z - 1.8$$

$\Delta z \le 3.62$ m

∴ 탱크 표면으로부터 위 방향으로 3.62m 이내의 거리에 설치해야 한다.

(2) $\gamma = 0.96 \times 9800 = 9408\ \mathrm{N/m^3}$

$$4.6 \le \frac{(100-80)\times 10^3}{9408} - \Delta z - 1.8$$

$\Delta z \le -4.27\ \mathrm{m}$

∴ 탱크 수면보다 최소한 4.27m 아래의 거리에 설치해야 한다.

13-17

$$L_p = \gamma Q H_p = Q\Delta P = 300 \times \frac{2.0}{60} = 10.0\ \mathrm{kW}$$

$$\eta_p = \frac{10}{15} = 0.667$$

13-18

노즐 단면적 $A = \frac{\pi}{4} 0.15^2 = 0.0177\ \mathrm{m^2}$

$V = C_v \sqrt{2gH} = 0.95\sqrt{2\times 9.8\times 400} = 84.12\ \mathrm{m/s}$

$Q = AV = 0.0177 \times 84.12 = 1.49\ \mathrm{m^3/s}$

$L_t = \gamma Q H \eta_t = 9800 \times 1.49 \times 400 \times 0.8 = 4.67\ \mathrm{MW}$

$u = \Phi\sqrt{2gH} = 0.47\sqrt{2\times 9.8\times 400} = 41.62\ \mathrm{m/s}$

$$u = r\omega = r\frac{2\pi N}{60}$$

$$2r = \frac{60u}{\pi N} = \frac{60\times 41.62}{\pi \times 500} = 1.59\ \mathrm{m}$$

$\therefore D = 1.59\ \mathrm{m}$

13-19

$\eta_I = 2\Phi(C_v - \Phi)(1-\cos\beta_2)$

터빈효율이 η_I 이므로

$\eta_I = 2\times 0.45(0.98 - 0.45)(1-\cos 165) = 0.938$

$A = \frac{\pi}{4} 0.15^2 = 0.0177\ \mathrm{m^2}$

$V_1 = C_v\sqrt{2gH} = 0.98\sqrt{2\times 9.8\times 250} = 68.6\ \mathrm{m/s}$

$Q = AV_1 = 0.0177 \times 68.6 = 1.214\ \mathrm{m^3/s}$

$L_T = \eta_I \gamma Q H = 0.938 \times 9800 \times 1.214 \times 250 = 2.79\ \mathrm{MW}$

13-20

스프링클러 노즐출구의 유속을 V, 스프링클러의 끝에서의 원주속도를 u 라 하면 동력은 운동량 방정식과 상대속도 $(V-u)$를 이용하여 다음과 같이 표현한다.

$$L = T\omega = \rho Q u(V-u)$$

$$\frac{dL}{du} = Q\rho(V-2u)$$

동력 L 이 최대가 되기 위해서는 $u = \dfrac{V}{2}$ 이므로

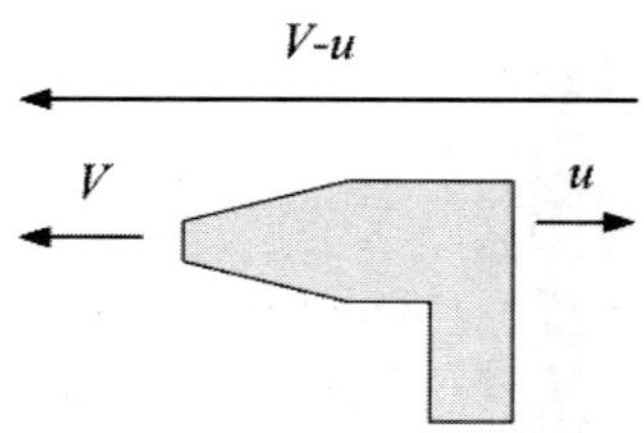

$$V = \frac{Q}{2A} = \frac{4 \times 6 \times 10^{-3}}{2\pi \times 0.012^2} = 26.54 \text{ m/s}$$

$$u = \frac{V}{2} = \frac{26.54}{2} = 13.27 \text{ m/s}$$

$$V - u = 26.54 + 13.27 = 39.81 \text{ m/s}$$

$$L_{max} = 10^3 \times (6 \times 10^{-3})(13.27)(39.81) = 3169.7 \text{ W}$$

제 14 장

14-1

$$\frac{P_1}{\gamma}+\frac{V_1^2}{2g}=\frac{P_2}{\gamma} \qquad \frac{P_2-P_1}{\gamma}=\frac{V_1^2}{2g}$$

$$P_2-P_1=(13.6\times 9800\times 0.06)-(9800\times 0.06)=9800\times 0.06(13.6-1)$$

$$V=\sqrt{2g\frac{P_2-P_1}{\gamma}}=\sqrt{2g\frac{(9800\times 0.06\times 12.6)}{9800}}=3.85\ \mathrm{m/s}$$

14-2

20℃ 공기밀도는 $\rho=1.2\ \mathrm{kg/m^3}$

$$V=\sqrt{2g\frac{P_s-P_a}{\gamma}}$$

$$P_s-P_a=(510-305)\times 10^{-3}\times 13.6\times 9800=27322.4\ \mathrm{Pa}$$

$$V=\sqrt{2g\left(\frac{27322.4}{1.2\times 9.8}\right)}=213.39\ \mathrm{m/s}$$

14-3

먼저 관 중심에서 $r=2\,\mathrm{cm}$ 인 위치에서의 속도 u 를 구하기 위해서 측정위치를 1, 관 중심을 2라하여 베르누이 방정식을 적용하면

$$u=\sqrt{2g\frac{P_2-P_1}{\gamma}}$$

$$P_2-P_1=9800\times 0.05-1.2\times 9.8\times 0.05=489.41\ \mathrm{Pa}$$

$$u=\sqrt{2g\frac{489.41}{1.2\times 9.8}}=28.56\ \mathrm{m/s}$$

경계조건(B.C)

$r=0.05\ \mathrm{m}$ $\quad u=0$ $\qquad$ (1)

$r=0.02\ \mathrm{m}$ $\quad u=28.56\ \mathrm{m/s}$ $\qquad$ (2)

(1)을 $u(r)=ar^2+b$ 에 대입하면

$0=a(0.05)^2+b \qquad b=-0.0025a$

$u=a(r^2-0.0025)$

(2) 를 대입하면

$28.56=a(0.02^2-0.0025) \qquad a=-13600$

$\therefore\ u(r)=-13600(r^2-0.0025)$

최대속도는 $r=0$ 에서의 속도 이므로

$u_{\max}=34\ \mathrm{m/s}$

14-4

비중병의 부피를 $\widetilde{V}$ 라 하면

$$\gamma \widetilde{V} = W_2 - W_1$$

$$\gamma = \frac{W_2 - W_1}{\widetilde{V}} = \frac{10 - 2}{0.5 \times 10^{-3}} = 16000 \text{ N/m}^3$$

$$S = \frac{\gamma}{\gamma_w} = \frac{16000}{9800} = 1.63$$

14-5

$$u = r\omega = 0.1 \times \frac{2\pi \times 50}{60} = 0.523 \text{ m/s}$$

$$T = F \times r = \tau A r = \left(\mu \frac{du}{dr}\right)(2\pi r \ell) r$$

$$\mu = \frac{T}{2\pi r^2 \ell} \frac{dr}{du} = \frac{0.16 \times 0.01}{2\pi \times 0.1^2 \times 0.3 \times 0.523} = 0.162 \text{ N} \cdot \text{s/m}^2$$

14-6

$$Q = C A_o \sqrt{\frac{2gH\left(\frac{S_1}{S} - 1\right)}{1 - \left(\frac{d_o}{d}\right)^4}}$$

$C = 0.95, \quad d = 0.16 \text{ m}, \quad d_o = 0.08 \text{ m}$

$S = 1.0, \quad S_1 = 13.6, \quad H = 0.14 \text{ m}$

$$A_o = \frac{\pi}{4} 0.08^2 = 0.005024 \text{ m}^2$$

$$Q = 0.95 \times 0.005024 \sqrt{\frac{2g \times 0.14\left(\frac{13.6}{1} - 1\right)}{1 - \left(\frac{8}{16}\right)^4}} = 0.029 \text{ m}^3/\text{s}$$

$$V_2 = \frac{Q}{A_2} = \frac{0.029}{0.005024} = 5.8 \text{ m/s} \qquad V_1 = \left(\frac{d_2}{d_1}\right)^2 V_2 = \left(\frac{8}{16}\right)^2 5.8 = 1.4 \text{ m/s}$$

$$\therefore\ H_\ell = \frac{(V_1 - V_2)^2}{2g} = \frac{(5.8 - 1.4)^2}{2g} = 0.97 \text{ m}$$

14-7

$$\tau_w = \frac{F}{A} = \frac{0.2}{0.05 \times 0.05} = 80 \text{ N/m}^2$$

$$\tau_w = \frac{R}{2} \frac{dP}{dx}$$

$$\frac{dP}{dx} = \frac{2\tau_w}{R} = \frac{2 \times 80}{0.15} = 1066.7 \text{ Pa/m}$$

14-8

$$V_1 = \frac{Q}{A_1} = \frac{4 \times 0.145}{\pi \times 0.26^2} = 2.73 \text{ m/s}$$

$$\frac{P_1 - P_2}{\gamma} = H\left(\frac{S_1}{S} - 1\right) = 0.9\left(\frac{13.6}{1} - 1\right) = 11.34 \text{ m}$$

$$\frac{V_1^2}{2g}\left[\left(\frac{d_1}{d_2}\right)^4 - 1\right] = \frac{P_1 - P_2}{\gamma} = 11.34$$

$$\left(\frac{0.26}{d_2}\right)^4 = 30.82 \text{ (속도계수 1.0)}$$

$$d_2 = 0.11 \text{ m} = 11 \text{ cm}$$

14-9

$$Q = CA_o\sqrt{\frac{2gH\left(\frac{S_1}{S} - 1\right)}{1 - \left(\frac{d_o}{d}\right)^4}}$$

$$A_o = \frac{\pi}{4}0.1^2 = 0.00785 \text{ m}^2$$

$$Q = 0.65 \times 0.00785\sqrt{\frac{2g \times 0.36\left(\frac{13.6}{0.9} - 1\right)}{1 - \left(\frac{100}{250}\right)^4}} = 0.052 \text{ m}^3/\text{s}$$

14-10

탱크에서 물이 dh 높이만큼 배출되는 시간을 구하자.

$$\frac{DM}{Dt} = \frac{d}{dt}\int_{cv}\rho\, d\widetilde{V} + \int_{cs}\rho(V \cdot n)dA = 0$$

$\rho = constant$ $\quad d\widetilde{V} = A_t dh$ 이므로

$$\frac{d}{dt}\int A_t dh = \int V dA \quad \text{이다.}$$

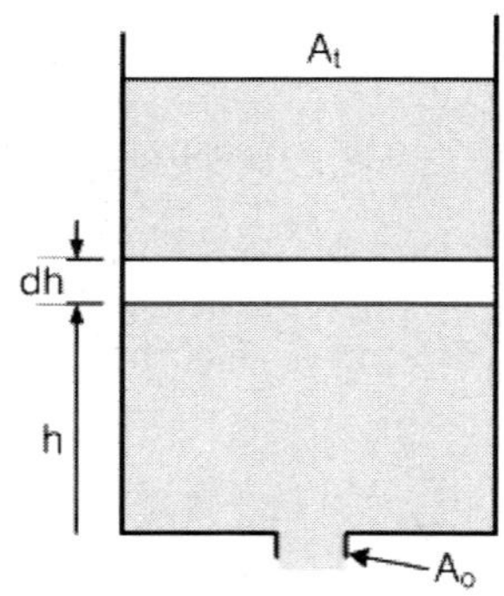

$$A_t\frac{dh}{dt} = CA_o\sqrt{2gh}$$

$$dt = \frac{A_t dh}{CA_o\sqrt{2gh}}$$

$$t = \frac{A_t}{CA_o\sqrt{2g}}\int_0^4\frac{dh}{\sqrt{h}} = \frac{A_t}{CA_o\sqrt{2g}}\left[2h^{1/2}\right]_0^4 = \frac{9.12}{A_o}$$

$$A_o = \frac{9.12}{600} = 0.0152 \text{ m}^2$$

$$d = 13.9 \text{ cm}$$

14-11

$$L_c = \gamma Q H_c$$

$$6000 = (0.8 \times 9800)(C_c A_c V_c)\frac{V_c^2}{2g} = 7840\left(0.7 \times \frac{\pi}{4}0.1^2 V_c\right)\frac{V_c^2}{2g}$$

$$V_c = 8.53 \text{ m/s}$$

오리피스 손실(수축)

$$h_\ell = \left(\frac{1}{C_c} - 1\right)^2 \frac{V_c^2}{2g} = \left(\frac{1}{0.7} - 1\right)^2 \frac{8.53^2}{2g} = 0.68 \text{ m}$$

B, C에 Bernoulli Eq. 적용

$$\frac{P_B}{\gamma} + 0 + z_B = 0 + \frac{V_c^2}{2g} + h_\ell$$

$$P_B = \gamma\left(\frac{V_c^2}{2g} + h_\ell - z_B\right) = (0.8 \times 9800)\left(\frac{8.53^2}{2g} + 0.68 - 3\right) = 10.92 \text{ kPa}$$

14-12

$$y = V\cos\theta\, t - \frac{1}{2} g t^2$$

$$V = \sqrt{2g \times 5} = 9.9 \text{ m/s}$$

$$x = V t \sin\theta = 9.9 \sin 45 t = 7.0 t$$

$$y = 9.9 \cos 45 \left(\frac{x}{7.0}\right) - \frac{1}{2} g \left(\frac{x}{7.0}\right)^2 = 1.0x - 0.1x^2$$

$$\frac{dy}{dx} = 1.0 - 0.2x = 0$$

$$\therefore\ x = 5 \text{ m}$$

$$H = 1.0 \times 5 - (0.1 \times 5^2) = 2.5 \text{ m}$$

14-13

$$Q = \frac{2}{3} \sqrt{2g}\, H^{\frac{3}{2}} L$$

$$L = \frac{Q}{\frac{2}{3}\sqrt{2g}\, H^{\frac{3}{2}}} = \frac{20}{\frac{2}{3}\sqrt{2g}\, (2)^{\frac{3}{2}}} = 2.4 \text{ m}$$

14-14

$$Q = \frac{8}{15} \tan\left(\frac{\theta}{2}\right) \sqrt{2g}\, H^{\frac{5}{2}} = \frac{8}{15} \tan\left(\frac{90}{2}\right) \sqrt{2g}\, (1)^{\frac{5}{2}} = 2.36 \text{ m}^3/\text{s}$$

14-15

평균높이차 $\overline{h_\ell} = \dfrac{1.8 + 1.5}{2} = 1.65 \text{ m}$

$$\overline{h_\ell} = \frac{64}{\text{Re}} \frac{\ell}{d} \frac{V^2}{2g} + (1.0 + 0.5)\frac{V^2}{2g} = \frac{32\mu\ell V}{\gamma d^2} + 1.5 \frac{V^2}{2g}$$

$$Q = \frac{\pi}{4} 0.8^2 \times 0.15 \times \frac{1}{350} = 2.153 \times 10^{-4} \text{ m}^3/\text{s}$$

$$V = \frac{Q}{A} = \frac{4 \times 2.153 \times 10^{-4}}{\pi \times 0.012^2} = 1.90 \text{ m/s}$$

$$1.65 = \frac{32\mu(1.5)(1.90)}{(0.9 \times 9800)(0.012)^2} + 1.5 \frac{1.90^2}{2g}$$

$$\therefore \mu = 0.0191 \text{ N} \cdot \text{s/m}^2$$

$$\mathrm{Re} = \frac{\rho V d}{\mu} = \frac{0.9 \times 10^3 \times 1.90 \times 0.012}{0.0191} = 1074 < 2100\,(\text{층류})$$

$\lambda = \dfrac{64}{\mathrm{Re}}$ 는 옳은 결정이다.

14-16

$$0.3\gamma = 0.18\gamma_w + 0.08\gamma$$

$$\frac{\gamma}{\gamma_w} = S = \frac{0.18}{0.22} = 0.82$$

14-17

$$W = \gamma \widetilde{V}$$

$$150000 = 1.2 \times 9800 \times \widetilde{V}$$

$$\widetilde{V} = 12.755\ \mathrm{m^3}$$

공기중으로 나오는 부피는 $\dfrac{15 - 12.755}{15} \times 100 = 15.0\%$

제2판 **유체역학 연습문제풀이집**

2016년 1월 5일 초판인쇄
2024년 1월 19일 초판2쇄발행

• 저 자 윤석범 · 서이수 · 최낙정
• 발 행 인 이성범
• 발 행 처 문운당

주 소 서울시 종로구 혜화로5길 16 (명륜1가 45-3)
출판등록 1962년 7월 4일 제 1-139
대표전화 (02)762-6010
팩 스 영업 (02)745-0265 / 편집 (02)762-8758
홈페이지 http://www.munundang.co.kr
E-mail munun2@chol.com

ISBN 978-89-7393-763-9 93550

정가 8,000원